Google ビジネスプロフィール 集客の王道

Attract customers

Googleマップから「来店」を生み出す最強ツール

永友一朗［著］

技術評論社

はじめに

「若い、新規のお客様が明らかに増えました。その多くのお客様に『Googleマップで見た』とおっしゃっていただきました」（ゴルフ練習場様）

「予約サイトからの受注が多かった当店でしたが、その手数料が馬鹿にならず困っていました。教えていただいたGoogleマップ活用を始めたところ直接注文が非常に増えて本当に助かりました」（仕出し弁当店様）

「Instagramと併用してGoogleマップ活用を実践したところ、売上が150％増になりました」（イタリアンレストラン様）

これらは、筆者がクライアント様に実際にうかがった「店舗でのGoogleマップ活用事例」の、ごく一部です。

Googleマップに載っている店舗情報を整備する仕組みは、当初「Googleマイビジネス」という名称でした。その後「Googleビジネスプロフィール」という名称に変更され、編集手順やアクセス解析の仕組みも変更になりました。

「Googleビジネスプロフィール」は無料で利用できるツールです。本書は、この「Googleビジネスプロフィール」の情報整備や「クチコミ返信のコツ」、「情報整備以外に考えること」をわかりやすくお伝えするものです。

第1章では、今、なぜ店舗のWeb集客でGoogleビジネスプロフィールが重要なのか。また、何をどう掲載することが「うまく活用する」ことにつながるのか整理します。
第2章では、店舗情報入力の方法やコツ・注意点についてお話をします。

第3章では、魅力が伝わる写真を掲載する意義や、重要な「投稿」機能、その他について触れていきます。
第4章では、「投稿」機能で活かしたいお客様目線のWebライティング術をテーマに、どのような書きかた・表現がお客様の「来店したい！」「問い合わせてみよう！」という気持ちにつながるのかをご提案します。
第5章では、クチコミに対する返信法について、押さえるべきポイントと見本をお伝えいたします。
第6章では、Googleビジネスプロフィールとの相乗効果を狙うSNS活用についてご提案します。
第7章では、Googleビジネスプロフィールをさらに活かすための情報分析や管理について考えます。
第8章では、Googleビジネスプロフィールについてよくいただく質問についてお答えします。

店舗情報を登録し、商品等の写真を掲載し、お知らせを投稿する。お客様のご感想に返信する。Googleビジネスプロフィールは、ごく基本的でシンプルな方法で、特にスマホでお店を探している新規のお客様の集客に非常に効果的なツールです。

また、外国人旅行者（インバウンド）のかたも、在日外国人のかたも、Googleマップを自国語で見ていることでしょう。業種やクチコミ内容などが自動で翻訳されますので、外国人さんも貴店の「評判」をしっかり確認することができるはずです。

観光庁も「観光DX推進のあり方に関する検討会」の中間取りまとめで「Googleビジネスプロフィール」の活用について言及しているほどです。

Googleビジネスプロフィールという無料ツールを使って、ぜひ、貴店の魅力を発信していただき、「新規のお客様」を増やしていただきたいと願っています。

永友一朗

第 1 章

Googleビジネスプロフィールの基本と活用戦略

第 2 章

店舗情報を効果的に掲載する方法

第3章 ライバルに差をつける「攻め」の運用テクニック

第4章

「投稿」機能で活かしたいWebライティング術

第5章

お店の印象を良くするクチコミ返信術

第6章 集客効果を底上げする外部施策テクニック

第7章 集客効果の分析と管理のテクニック

第8章 ここが知りたい！Q&A

第1章

Google ビジネスプロフィールの基本と活用戦略

実店舗の集客を加速する Googleビジネスプロフィール

★ Googleマップ&検索に店舗情報を掲載

読者の皆様の中には、「お店や観光地を調べるとき、GoogleマップやGoogle検索を使用した」という経験をお持ちのかたも多いと思います。そのとき、通常の検索結果のほかに、以下のような表示があることに気づかれたかたも多いでしょう。

Google検索画面

Googleマップ画面

この部分には、Googleに登録されている「お店の情報」が表示されています。そして、この**「お店の情報」を掲載・編集できるサービスをGoogleビジネスプロフィールといいます。**Googleビジネスプロフィールは、そのお店のオーナーやWeb担当者様が**無料**で利用できます。お店の住所や電話番号、営業時間や写真を掲載できるだけではなく、セールや新商品情報などの**情報発信も可能**になっています。

ご存知のように「Google」は、何か調べものをするときにもっとも使われる「検索エンジン」です。そのGoogleに無料でお店情報を掲載し、また積極的な情報発信までできるわけですから、Googleビジネスプロフィールはまさに、新規の店舗集客にうってつけのサービスだといえるでしょう。

★ Googleマップは日本で一番多く見られている地図アプリ

下の図は、2020年の日本におけるスマートフォンアプリ利用者数のランキングです。利用者が一番多いのはLINEで、YouTube、Googleの次に「Googleマップ」がランクインしています。つまり「Googleマップ」は、「日本のスマホユーザーにもっともよく使われている地図アプリ」といえるでしょう。

ランク	サービス名	平均月間アクティブリーチ	対昨年
1	LINE	83%	0pt
2	YouTube	65%	4pt
3	Google App	56%	3pt
4	Google Maps	54%	-6pt
5	Gmail	54%	3pt
6	Google Play	47%	3pt
7	Twitter	45%	0pt
8	Yahoo! JAPAN	43%	1pt
9	PayPay	41%	21pt
10	Apple Music	39%	-5pt

Source: ニールセン モバイルネットビュー　アプリからの利用　18歳以上の男女
※2020年1月から10月までのデータ：平均月間アクティブリーチ
※AppleMusicはiTunes Radio/iCloud含む

ニールセンデジタル株式会社「2020年 日本におけるスマートフォンアプリアクティブリーチ Top10」
（https://www.nielsen.com/ja/insights/2020/tops-of-2020-digital-in-japan-2020_20201217/）

この「日本のスマホユーザーにもっともよく使われている地図アプリ」に、貴店の情報を「無料」で掲載でき、「新規集客に大きく貢献できる」可能性があるわけですから、ここでやらない手はありません。本書では、**「Googleマップや Google 検索で表示される店舗情報をしっかり整備する考えかたと、やりかた」**を解説していきます。ご一緒に、じっくり進んでいきましょう。

Googleビジネスプロフィールでなぜお客様が増える?

★ お客様の視点で掲載情報を見てみよう

Googleビジネスプロフィールを商売に活かし、「新規客の集客」を目指していくその前に、Googleビジネスプロフィールが具体的にどのようなものなのかを詳しく知っておきましょう。ここでは、お客様の視点に立って「Googleビジネスプロフィールの情報がどのように表示されるのか？」「お客様にはどのように見られているのか？」を確認していきます。以下は、スマホとして「iPhone」の画面を使ってお話を進めます。

筆者は神奈川県藤沢市に住んでいます。また靴やカバン、財布やベルト、革ジャンなど革製品が大好きです。右の図は、自宅にてスマホの「Google」アプリを使って、「革ジャン　修理」というキーワードで検索したときの画面です。周辺地図とともに3件の革製品修理店が表示されました。

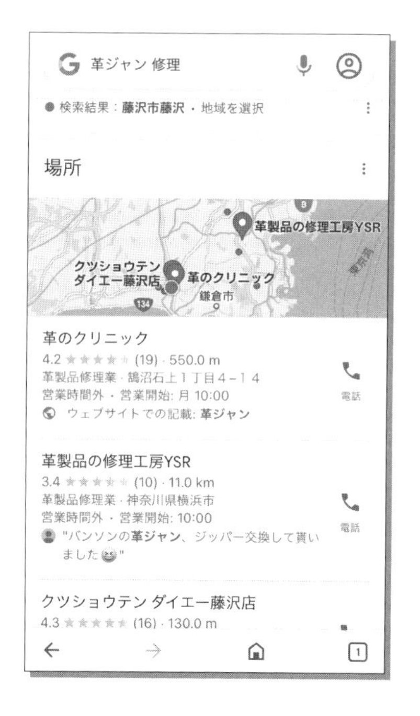

次に、右の図は同様にスマホの「Googleマップ」アプリを使って、「革ジャン　修理」というキーワードで検索したときの画面です。「Googleマップ」はGoogleの「地図」に特化したアプリです。やはり、現在地付近の地図とともに3件の革製品修理店が表示されています。ぱっと見の情報欄では、

▶店名
▶クチコミのスコア（平均点）と件数
▶現在地からの距離
▶業種
▶住所
▶営業中かどうか（当日の営業開始・終了時刻）

などがわかります。また、その右側には「電話する」「道順を調べる」という意味のボタンが表示されています。まさに、「お店を探したい」というユーザー（新規のお客様）にとって必要不可欠な情報がコンパクトに示されています。では、お客様が特定のお店情報をタップすると、どうなるでしょうか？今回、一番上に表示されていた「革のクリニック」様を例に画面を見ていきましょう。

検索結果一覧ページから特定のお店（ここでは「革のクリニック」様）をタップすると、数々の写真とともに「店名」「クチコミのスコア（平均点）と件数」「業種」「現在地から行くときにかかる時間」「営業中かどうか」が示されるだけでなく、

▶経路（お店に行くまでのルート提案）
▶ナビ開始（現在地からお店までのナビゲーション）
▶電話
▶保存（お気に入りリストなどへの登録）

などのボタンが表示されます。お客様は「電話」をして自分の革製品が修理可能か聞いたり、「ナビ開始」でナビゲーションを見ながらお店に直接行けるわけですね。画面をスワイプ（スクロール）すると、次の情報が出てきます。

「予約」フォームにつながるリンクや、ホームページへのリンク、また他の曜日の営業時間、定休日情報などがあります。画面をさらにスワイプすると、次の情報が出てきます。

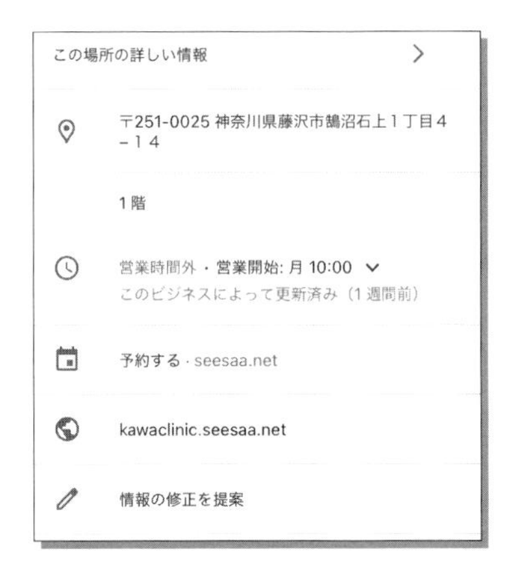

右下の画面では「お店による店舗概要説明」「写真」「周辺地図」が示されます。「革のクリニック」様の場合は、革ジャンに限らず靴やカバン、財布などの修理例を見ることができます。やはり、「何をしてくれるお店なのか？」「自分の希望に合いそうか？」を知るには「写真（動画）」がとても参考になりますね。

また、お店によっては「混雑する時間帯」や、「この場所の平均滞在時間は●時間です」という表示が出る場合もあります。これらの情報は、Googleユーザーの行動履歴をもとに算出されたものです。なかなかすごい（恐ろしい？）時代ですよね。そのお店に初めて行くお客様は、この情報は非常に重宝するのではないでしょうか。余談ですが筆者は家族旅行を計画するときに、観光ポイントの「平均

滞在時間」を確認してプランを考えたりします。その名所が15分で周れるのか、2時間かかるのかは、プランを考えるのにとても重要な情報です。画面をさらにスワイプすると、次の情報が出てきます。

クチコミの詳細と、お店からの返信内容がわかります。筆者は個人的に、「スコア（星評価の平均点）」ではなく、書かれたクチコミの内容と、お店からの返信内容を非常によく見ます。クチコミサイトの良し悪しはさまざまな議論がありますが、ひとりの消費者としては**「クチコミの内容と返信」は、かなりお店の実態を表すものだと感じています**。筆者は「革のクリニック」様に実際にお邪魔したことがありますが、とてもしっかり話を聞いてくださり、革製品を何とかきれいに、格好よく仕上げたい！という思いが溢れている印象を受けました。画面をさらにスワイプすると、次の情報が出てきます。

「他の人はこちらも検索」と表示され、**類似する他の店舗候補**が表示されます。逆に言うと、お客様がGoogleマップで他店を探しているときも、**貴店の情報が「類似する店舗」として表示される可能性があります**。またこの場所付近には、当該店舗様からのお知らせ（最新情報投稿など。P.82参照）が表示されることもあります。

最後に画面左上の「＜」をタップすると、店舗情報が閉じて検索結果一覧に戻ります。

03 集客に成功するために実現したいこと

このように、GoogleもしくはGoogleマップで「お店を探す」「お店を選ぶ」という行為は、読者の皆様も日常的に行うことが多いのではないでしょうか。筆者もコンサルタント、セミナー講師という仕事柄で出張が多いのですが、現場付近の飲食店を探すときはGoogleマップを使うことがほとんどです。

★ 新規来店につながる2つのポイント

さて、じつは今までの図でご注目いただきたい重要ポイントが2点あります。

- お店によって情報量が異なること。また、「評価」が数値で出てしまうこと
- ふんだんな情報、写真やクチコミ内容、その返信内容で「自分にふさわしいお店か（行ける曜日や時間帯に営業しているか、専門性があるか、希望するメニューがあるか、など）」「どんな雰囲気のお店なのか」が、実際にお店に行く前におおよそわかってしまうこと

GoogleやGoogleマップを使って「業種名」もしくは「業種名＋地域名」で探すのは、固定客やお馴染み様ではなく、「新しいお客様」ではないでしょうか。その新しいお客様がGoogleやGoogleマップを使ってお店を探したとき、

- （1）お客様目線の情報がしっかり整備され、評価も高いこと
- （2）情報を整備するだけでなく、投稿やクチコミ返信でお客様とコミュニケーションを図ろうとしていること

が「新規来店」につながりそうであることは、いうまでもないでしょう。つまり、「Googleマップ／検索で表示される店舗情報について、上記（1）（2）をかなえるように調整し、新規来店を増やすこと」が、「Googleビジネスプロフィール活用法」だといえます。もう少し突っ込んだ表現をするならば、

- 貴店の情報が少なく、評価がない。もしくは評価が低い

▶投稿やクチコミ返信をしていなく、お店の特徴、価値観、雰囲気が分からない

というときには、(1)(2)がかなえられているお店に新しいお客様が流れていってしまう（新規客を競合他店に持っていかれる）ことでしょう。

人口の減少や既存客の高齢化、モノやサービスが溢れている中での消費の落ち込み。口には出さずとも、中小企業・店舗経営者様は「商売が厳しくなっている」ことを実感なさっていると思います。今すぐ出会いたいのは「新規客」だと思います。いまお越しいただいている常連さんも、もともとは「新規客」だったはずです。その新規客（見込み客）がスマホでお店を探すとき、「Googleマップ／検索で表示される店舗情報がしっかり整備されている」という「とてもシンプルで、お金がかからない取り組み」で、その新規客と出会える確率に大きく差がついてしまうのです。ぜひ、本書でやりかたと考えかたを掴んでいただき、ご繁盛いただきたいと心から願っています。

Googleマップにお店が“勝手に”掲載？

Googleマップを見ると「Googleビジネスプロフィールを運用しているとはとても思えないようなお店」なども載っていることに気づくと思います。GoogleはWeb上の情報をもとにマップ上に店舗情報を載せることがあります。また一般ユーザーからの情報提案で載ることもあります。Googleマップに載っている拠点情報を「ローカルリスティング」といい、そのうち後述する「オーナー確認」を済ませて主体的に運用されている拠点情報を「ビジネスプロフィール（ビジネスリスティング）」といいます。

「マップに載っていれば、もう十分です（ローカルリスティングで十分です）」とおっしゃる経営者様もいらっしゃいますが、Googleマップという「同じ土俵」で戦ううえでは、情報が豊かなほう（ビジネスプロフィール）に競り負けてしまうのではないでしょうか。

本書の読者様は、じっくりコツコツとビジネスプロフィールを育んで、新規集客を目指していただければと思います。

Googleから示されている「重大な活用ヒント」

Googleビジネスプロフィールを使うにあたり、お客様の立場からは、

- **お客様目線の情報がしっかり整備され、評価も高いこと**
- **情報を整備するだけでなく、投稿やクチコミ返信でお客様とコミュニケーションを図ろうとしていること**

が重要というお話をしました。一方、サービス提供者のGoogleはどのような考えなのでしょうか。GoogleマップやGoogle検索などを横断（ローカル検索）して示される付近の店舗や場所情報を「ローカル検索結果」といいます。**「Googleのローカル検索結果のランキングを改善する方法」と題してGoogle自身がヘルプページにて、Googleビジネスプロフィールの「重大な活用ヒント」を公言しています**ので、それを参考にしながら活用を進めていきましょう。

> ## Google のローカル検索結果のランキングを改善する方法
>
> ビジネスを管理
>
> ユーザーが現在地付近の店舗や場所を検索すると、Google マップや Google 検索などを横断してローカル検索結果が表示されます。たとえば、モバイル デバイスで「イタリア料理レストラン」を検索すると、ローカル検索結果として、ユーザーが行きたくなるような近くのレストランが表示されます。
>
> ローカル検索結果のランキングを改善するには、Google ビジネス プロフィールでビジネス情報を登録し、更新します。詳しくは、Google がビジネス リスティング情報を入手する方法と、それらの用途をご覧ください。
>
> ### ビジネス情報を更新して表示頻度を上げる
>
> ビジネスの所在地で関連性の高い語句を検索しても、ご自身のビジネス情報が表示されない場合があります。ローカル検索結果でお客様のビジネスが表示される頻度を最大化するには、ビジネス プロフィールのビジネス情報の内容を充実させ、魅力的なものにしてください。

「Googleのローカル検索結果のランキングを改善する方法」
(https://support.google.com/business/answer/7091)

★ Googleの活用ヒントを読み解く

・詳細なデータを入力する

ローカル検索結果は、検索語句との関連性が十分に高いものが表示されるため、ビジネス情報の内容が充実しているほど、検索語句と一致しやすくなります。

重要：ビジネス情報は必ず最新の状態を保つようにしてください。

必ずすべてのビジネス情報をビジネスプロフィールの管理画面に入力して、ユーザーにビジネスの内容、所在地、営業時間が表示されるようにします。

ここでは、これからお話をしていくGoogleビジネスプロフィールの仕組みを使って、「お店の正確な情報を」「ふんだんに」入力しておくことが推奨されています。

・ビジネスのオーナー確認を行う

ビジネスのオーナー確認を行うと、GoogleマップやGoogle検索などのGoogleサービスで、ローカル検索結果にビジネス情報が表示される可能性が高くなります。

第2章で解説する「オーナー確認」を行うと、Googleで検索されたときに貴店情報が出てきやすくなる、と述べています。オーナー確認はもちろん無料で行うことができます。

・営業時間の情報を正確に保つ

開店時間や閉店時間、祝祭日や特別なイベントに合わせた特別営業時間などを含む営業時間を定期的に更新しましょう。正確な営業時間が表示されていれば、顧客は営業時間を把握でき、安心して営業時間中に店舗を訪れることができるようになります。

Googleは、ユーザーの「利便性」をとても重視しています。ユーザーにとって便利で有益な情報提供を推奨しているので、例えば「Googleマップを見て営業中だと表示されていたけど、実際に来てみたら今日は休業だったじゃないか！」という状況を避けたいようです。通常の営業時間だけでなく、祝祭日や年末年始、お盆は営業しているのか？などもきちんと掲載したいところです。

・クチコミの管理と返信を行う

ビジネスに関してユーザーが投稿したクチコミに返信しましょう。クチコミに返信することで、ユーザーの存在やその意見を尊重していることもアピールできます。ユーザーから有用で好意的な内容のクチコミが投稿されると、ビジネスの存在感が高まり、顧客が店舗を訪れる可能性が高くなります。

「クチコミをいただいたら、そのクチコミには返事をしましょう」と述べています。返信のコツについては第5章で解説します。

・写真を追加する

ビジネスの内容を伝え、商品やサービスを紹介するには、写真をビジネスプロフィールに追加します。的確で訴求力のある写真を掲載すれば、求めている商品やサービスがあることを顧客にアピールできます。

簡単にいえば、「魅力的な写真をたくさん入れましょう」ということになります。

・ローカル検索結果のランキングが決定される仕組み

ローカル検索結果では、主に関連性、距離、知名度などの要素を組み合わせて最適な検索結果が表示されます。たとえば、遠い場所にあるビジネスでも、Googleのアルゴリズムに基づいて、近くのビジネスより検索内容に合致していると判断された場合は、上位に表示される場合があります。

「Googleのローカル検索結果のランキングを改善する方法」のページにおける、「まとめ」のような項目です。上記のように、「さまざまな要素で掲載順位が決定される」と述べています。つまるところ、**「お店の正確な情報を」「ふんだんに」入力しておくことがGoogle（マップ）で検索されたときに貴店情報が出て来やすくなる第一歩だ**、と述べているわけです。

検索結果の上位表示を「ゴール」にしない

Googleビジネスプロフィールをしっかり活用された結果、Googleのローカル検索で上位に表示されること（例えば、ぱっと見の上位3件に入ること）になれば、それ自体は良いことです。しかし、それがGoogleビジネスプロフィール活用の「成功」「ゴール」かというと、違うと思います。

仮に「上位」に位置していても、「自分に相応しいかどうかわからない」情報や写真だったり、「評価が低い」「クチコミに返信していないのでお店の見解や雰囲気が分からない」と、来店には結びつかないと思います。また、自店を「ありのまま以上に」見せようとする情報や写真、クチコミ募集施策は、むしろ実際に来店したお客様の「不満足」「低評価」につながる可能性もあります。

そのため、上位表示という短絡的な目安ではなく、「自店が来てほしいと願う新規のお客様にとって有用で魅力的な情報や写真が発信できているか」、ひいては「そこからホームページへのアクセスが増えているか」「電話やルート検索、問い合わせが増えているか」「新規来店のお客様に実際にご満足いただけているか（自然な高評価が増えているか）」を目安として運用していくことをおすすめします。

Googleビジネスプロフィール 3つの活用戦略

★ その1　正確で十分な量の店舗情報を掲載する

前ページまでで見たように、「正確な情報を」「ふんだんに」入力しているとユーザーが検索した言葉とマッチする度合いが高まり、新規来店増加の第一歩になるのは間違いなさそうです。Googleの表現を使うと「関連性が高い」という状態です。Googleビジネスプロフィールを活用するには、まずもって「お店の正確な情報を」「ふんだんに」入力することを心がけていきましょう。

ここで店舗様の実例を見てみましょう。福岡県北九州市の人気パン店「ラトリエ・ドゥ・アッシュ」様の店舗情報です。

「ラトリエ・ドゥ・アッシュ」様の営業時間（左）と写真（右）のページ

ラトリエ・ドゥ・アッシュ様は月・火曜日が定休日で、それ以外は「9時00分～18時00分」に営業しています。お客様にとって非常にわかりやすく、正確に営業時間が示されています。また写真は、なんと470枚以上が掲載されています。店頭販売だけでなく2階にイートインスペースがあることもわかります。豊富な情報量で、お店のイメージが湧きやすいのではないでしょうか。

★ その2　お客様とコミュニケーションを図る

「クチコミへの返信」を代表的なものとして、「**お店がユーザーを大事にしている**（コミュニケーションを取ろうと取り組んでいる）」という点も大きなポイントになりそうです。コミュニケーションを図るといっても、SNSのように「いいね！」をしあうことではありません。また、四六時中ユーザーからのクチコミを待っていなくてはならないわけでもありません。**お客様からの問いかけにいわゆる「放置」をするのではなく、きちんと対応していく**、ということが大切です。

「ラトリエ・ドゥ・アッシュ」様のクチコミのページ。クチコミに返信することで、来店や投稿への感謝を伝えている

Googleが理解でき、かつ、一般のお客様が「このお店はお客様を大切にしているな」と理解できるもっともわかりやすい部分が「クチコミとその返信」ではないでしょうか。**クチコミとその返信は「お店の印象」を大きく形作ります。**

なお、クチコミとその返信方法については第5章で詳述します。ぜひ貴店も「クチコミ」に向き合ってみてください。

★ その3　ホームページやSNS“も”活用する

Googleが表現している「知名度」（「視認性の高さ」とも表現されます）を向上させるためにも、「Googleビジネスプロフィールからホームページや SNSへの誘導を図る」「ホームページやSNSそのものもしっかり活用する」ことをご提案したいと思います。

Googleビジネスプロフィール自体は、無料で簡単に使える、店舗集客にとって非常に重要なWebツールであることは間違いありません。一方、Googleビジネスプロフィール「だけ」で店舗集客が完結するかといえば、そうではありません。お客様によっては「情報をまだまだ知りたい」と思うかもしれませんし、そもそも消費者がお店と接点を持つのは「Googleマップ」と「Google検索」だけではないからです。

筆者はコンサルティング実務上、「多面的な顧客接点の重要性」についてお話しすることが多いです。これはつまり、Googleビジネスプロフィールだけですべてを完結してしまおうとするのではなく、そこから別の媒体に移動してもらうなど、複数の接点で貴店の素晴らしさを知ってもらいましょう、ということです。ラトリエ・ドゥ・アッシュ様でも、Googleビジネスプロフィールの店舗情報から自社ホームページに積極的にリンクを張っています。「投稿」欄（P.82参照）からも自社ホームページやSNSへリンクを張っており、「Googleマップで知っていただいたお客様に、より一層お店の魅力をご案内させていただく」という姿勢が見て取れます。

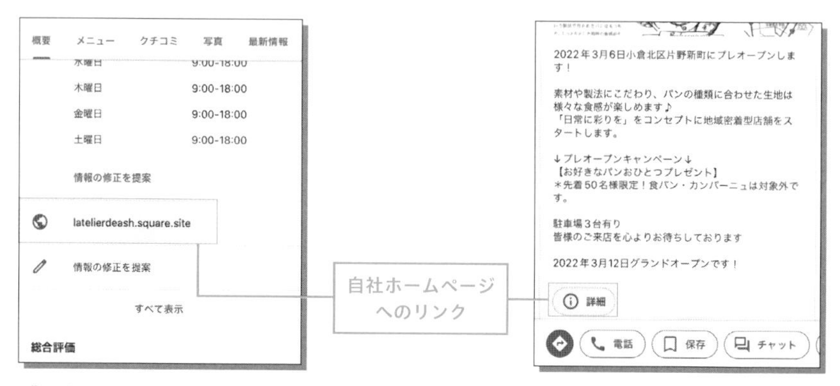

「ラトリエ・ドゥ・アッシュ」様の店舗情報ページ（左）や「投稿」欄（右）には、自社ホームページへのリンクが張られている

お客様のマインドシェアを高めよう

ここで、参考までに「マインドシェア」の考えかたをご紹介します。マインドシェアとは、「顧客の心の中に占める特定ブランドの占有率」と説明されます（グロービス経営大学院「MBA用語集」、https://mba.globis.ac.jp/about_mba/glossary/detail-12012.html）。

わかりやすくいえば、「市内で●●といえば△△だよね」というように、**消費者の頭の中でそのお店が思い出される割合**のことです。もちろん、この「シェア」は計測できませんが、一般的に、このマインドシェアを高める方法として、

- **共感を持ってもらう**
- **コンタクト回数を増やす（お客様と接する回数を増やす）**
- **旗印（専門性）を理解してもらう**

という3点があるといわれています。つまり、地域の消費者に「このあたりで●●といえば△△だよね」という認識を高めてもらい、「思い出されやすく、選ばれやすくする」ためには、**「さまざまなSNS、Webツールにおいて露出し（Web上でもお客様と接する回数を増やし）、仕事への想いや専門性を理解していただく」ことが重要**ということです。

そもそもお客様は検索をあまり使わず、SNSを中心に情報収集をしているかもしれません。また、Googleビジネスプロフィール“だけ”では記憶に残らないかもしれません。ですので、中小企業・店舗様には「多面的な顧客接点の重要性」という考えかたをぜひ持っていただき、ホームページやSNSの活用も進めていただきたいと願っています。

SNSの活用については、第6章で取り上げます。

Googleで「店舗名」を指名検索すると？

ところで、ユーザーが業種名で漠然と探すのではなく、貴店のことをすでに知っている場合もあるでしょう。友人から聞いた。看板で見た。チラシを見た。ネット上で何となく見たことがある…などです。それは新規のお客様、新規取引先や求職中のかた、その親御さんかもしれませんね。そのユーザーが、パソコンであれスマホであれ「店舗名」でGoogle検索したらどうなるか、ご存知でしょうか？以下の図は、パソコンで「ホームページコンサルタント永友事務所」というキーワードで検索したときの画面です。

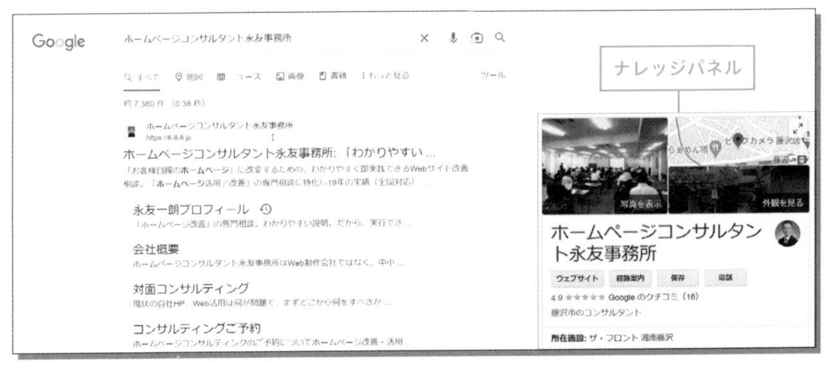

「ホームページコンサルタント永友事務所」は筆者の事業所で、日本に一つしかない屋号です。したがって、このキーワードでは筆者の事業所の公式ホームページが一番上に掲載されます。このように、屋号や会社名、代表者名で検索することを「指名検索」といいます。指名検索すると検索結果の右側にかなり大きなスペースで筆者の事業所についての情報が掲載されていることがわかります。じつはこの箇所も「ビジネスプロフィールの店舗情報」などをもとにした「ナレッジパネル」と呼ばれる情報欄です。
ナレッジパネルは、Googleビジネスプロフィールの管理画面で入力した情報と、GoogleがWeb上の情報から引用した情報がミックスされた情報群です。

つまり「ホームページコンサルタント永友事務所」などの指名検索をした場合にも、「Googleビジネスプロフィールで入力、設定した情報」が目立って表示されることがあるのです。公式ホームページより先にこの「ナレッジパネル」が目に入る人も多いかもしれません。このことからも、Googleビジネスプロフィールの情報整備が非常に重要だということがわかります。

第2章

店舗情報を効果的に掲載する方法

店舗用のGoogleアカウントを用意する

Googleビジネスプロフィールを活用していくためには「Googleアカウント」が必要です。コンサルティングをさせていただいていると、

- 経営者様個人のGoogleアカウントを店舗用Googleアカウントとして使う
- スタッフ個人のGoogleアカウントを店舗用Googleアカウントとして使う

というケースも散見されますが、

- 経営者様が出張、不在の場合にGoogleアカウントにログインできなかった
- スタッフが退職してGoogleアカウントにログインできなくなった

というお話もよく聞きます。ですので、できる限り店舗専用のGoogleアカウントを作成することをおすすめします。日本在住の場合、Googleアカウントは13歳以上の人なら誰でも作ることができます。

★ Googleアカウントを作成する方法

手順① パソコンやスマホでブラウザを起動し、アドレスバーに「https://www.google.com/account/about/」と入力してアクセスします。パソコンの場合は次のような画面が表示されますので、「アカウントを作成する」をクリックします。

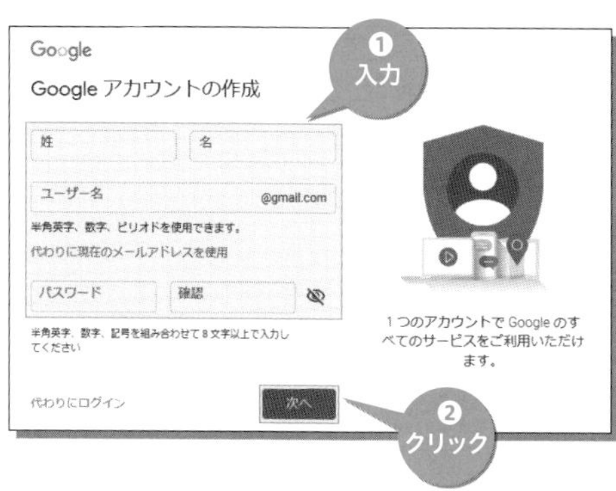

手順② 適宜情報を入力し、「次へ」をクリックします。なお、今回は「店舗用」ですので、「姓：●●」「名：株式会社」など、会社名や屋号を便宜上姓と名に分けて入力します。パスワードは半角英字、数字、記号を組み合わせて8文字以上です。

手順③ 次に「生年月日」を入力します。ここでは、「お店の開店日」などではなく、経営者様の実際の生年月日などにするとよいでしょう。Googleはこの項目で「13歳以上なのか」を確認しているようです。なお「性別」は「指定しない」という選択肢もあります。入力が済んだら「次へ」をクリックします。

手順④ 「プライバシーポリシーと利用規約」という画面になります。規約のスクロールを一番下まで下げると「同意する」というボタンが現れますので、クリックします。

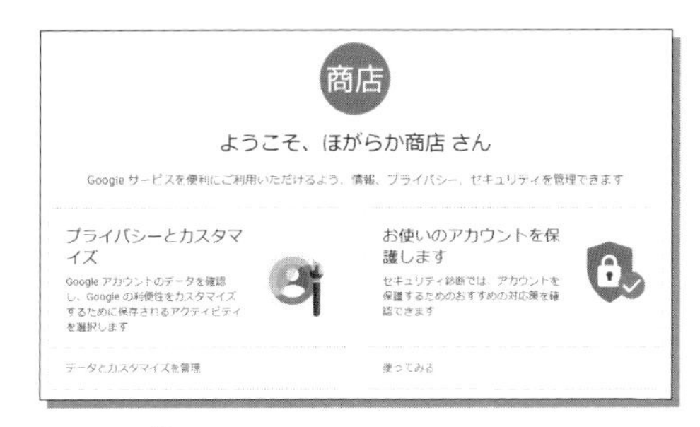

手順⑤ 左のような画面が表示されれば、Googleアカウントが無事作成できたことになります。以降、本書では「Googleアカウントにログインしている状態」を前提にお話を進めていきます。

一つのGoogleアカウントで複数のビジネスプロフィールを管理できる

Googleアカウントが一つあれば、複数店舗のビジネスプロフィールを管理できます。例えば本店とは別にA支店、B支店のビジネスプロフィールを作成したいとき、別々のGoogleアカウントで作成すると、もし本店社員様がA、B支店の情報も修正管理しようとするときに、それぞれのGoogleアカウントでログインしなおさなければならず面倒です。

本店社員様が管理することが多ければ、むしろ本店のGoogleアカウントにてA、B支店のビジネスプロフィールを作成し、管理したほうが合理的でしょう。

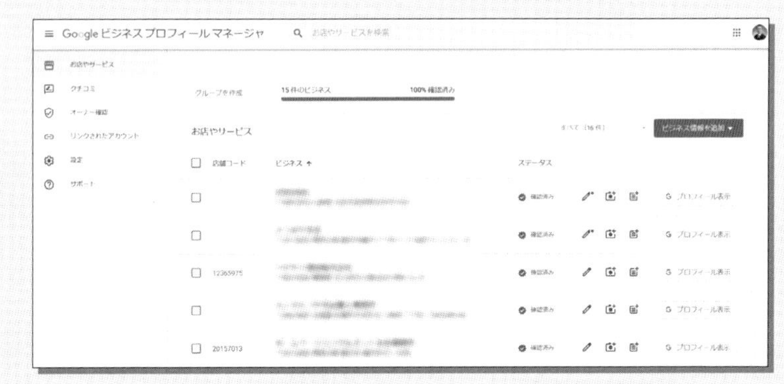

複数店舗を管理する画面「Googleビジネスプロフィールマネージャ」
(https://business.google.com/locations)

07 店舗の「オーナー確認」をする

★ お客様からの信頼度が倍増する「オーナー確認」

Googleマップ上の「店舗情報」を編集・修正提案できるのは、以下の3者です。

- (1) Google自体がWeb上の情報を勘案して修正、掲載する
- (2)「Googleローカルガイド」など、一般のGoogleユーザーが修正提案する
- (3) そのビジネスのオーナーが編集する

このうちGoogleローカルガイドについては後述しますが、一般のGoogleユーザーも、店舗写真を投稿したり、営業時間などを修正提案できます（提案はGoogleにより審査されます）。

一方、「ビジネスオーナー」としてGoogleビジネスプロフィールに認証されると、後述する**「投稿」機能でPR**できたり、**クチコミに返信**をしたり、自ら手配した**きれいな写真を掲載**したりできるようになります。また、Googleの調査では**Googleビジネスプロフィールでの「オーナー確認を済ませているビジネスは、ユーザーからの信頼度が倍増する傾向」にある**とのことです(https://support.google.com/business/answer/6300665)。ここでいう「ビジネスオーナー」とは、狭義の「経営者」という意味ではなく、「お店側の人」という意味です。Googleビジネスプロフィールの管理画面に入れるスタッフも編集や投稿が行えます。管理ユーザーの追加は第7章でお話をします。

★ オーナー確認前の3つのパターン

以下、「パソコンを使ってオーナー確認をする手順」を示しますが、スマホからでもほぼ同様のステップでオーナー確認ができますので、じっくりとチャレンジしてください。オーナー確認は**「すでにGoogleマップに載っている自**

店情報から行う」のがもっともシンプルな方法です。まずはパソコンでGoogleマップ（https://www.google.com/maps/）を開き、店名で検索して、マップ上の自店情報を表示してください。また、前述した「Googleアカウント」にログインしておきましょう。ここで3つのパターンに分かれます。

パターン1　オーナー確認が済んでいない

この図のように「ビジネスオーナーですか？」という文言が出ていたら、「お店はマップ上に登録されているけれども、オーナー確認は済んでいない」状態を表すことが多いです。この場合は、次項「オーナー確認の手順」を参考に、オーナー確認を進めていきましょう。

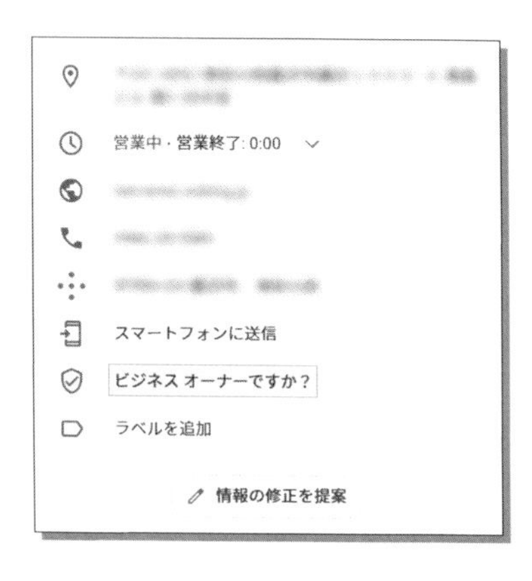

パターン2　オーナー確認が済んでいる

一方、「マップに自店は出てくるが『ビジネスオーナーですか？』という文言は表示されない」という場合は、すでにオーナー確認が済んでいることを意味します。コンサルティングの現場では、「経営者の自分は知らなかったが、スタッフか家族がいつの間にかオーナー確認をしていたようだ」というケースはよく聞きますので、心当たりのあるかたに確認してみましょう。

パターン3　Googleマップに自店が登録されていない

新規開店をしたばかりのお店などでは、「そもそもGoogleマップ上に自店が載っていない」ということもあります。その場合はマップ上の自店の所在地で右クリックし、「自身のビジネス情報を追加」というメニューからお店の追加申請を行いましょう。このあとの流れは以下の手順と概ね同じになりますが、オーナー確認後、貴店名で検索してマップに出てくるまで数日から1週間ほどかかると思いますので、ご了承ください。

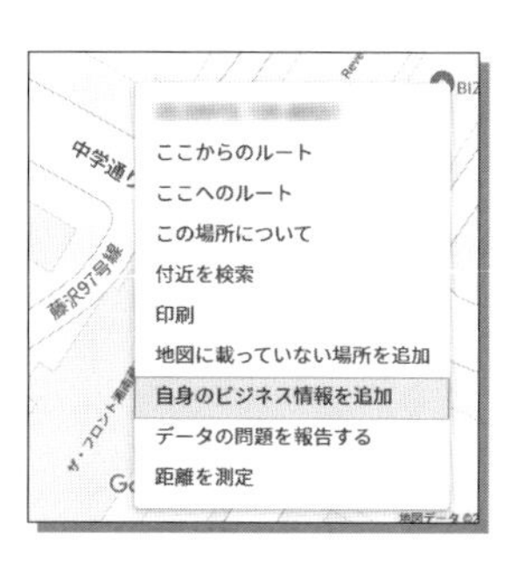

★ オーナー確認の手順

ここでは、パターン1の「ビジネスオーナーですか？」という文言が出る場合を想定して話を進めます。なお、業種によっては以下のプロセスに多少の手順が追加されることもありますのでご了承ください。

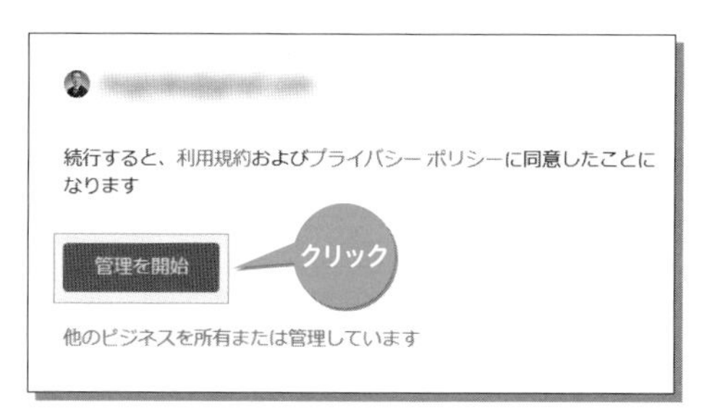

手順❶「ビジネスオーナーですか？」という文字をクリックすると、このような画面に移ります。「管理を開始」というボタンをクリックします。

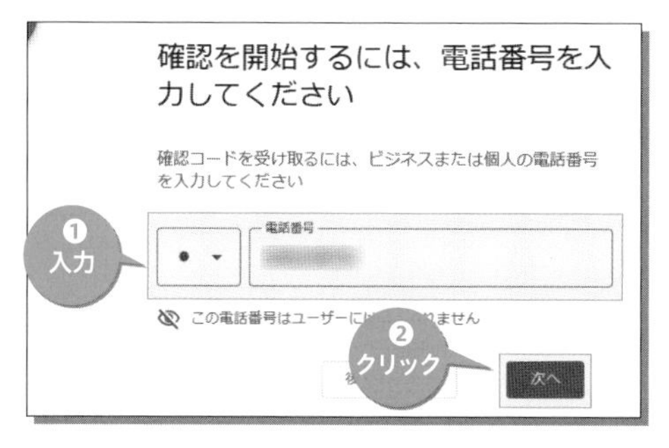

手順❷ 電話番号を入力し、「次へ」をクリックします。

【注意】携帯電話番号も入力できますが、一度ここで登録した番号はしばらく変更できませんので、極力、固定電話番号の入力をおすすめします。ただしフリーダイヤルではオーナー確認できません。

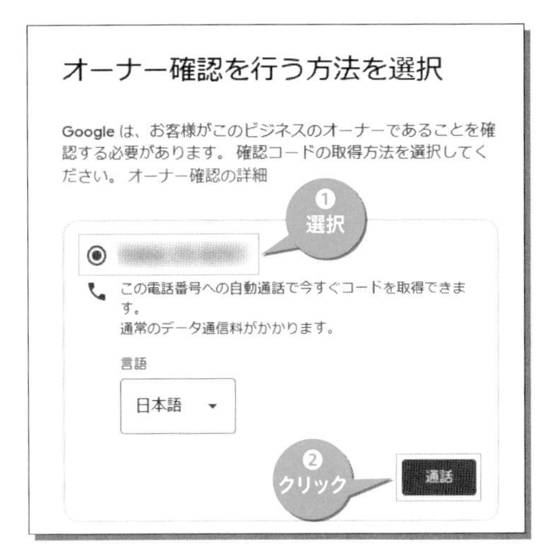

手順③ オーナー確認を行う方法を選択します。メモの準備をしてから「通話」をクリックします（すぐにGoogleから自動音声電話がかかってきます）。

【注意】「郵送」「動画による確認」など他のオーナー確認方法が示される場合は、その指示に従ってください。

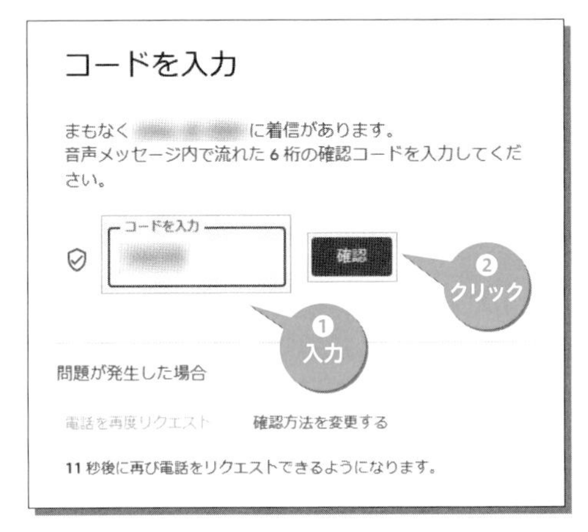

手順④ 自動音声通話で通知された確認コードを所定の場所に入力し、「確認」をクリックします。

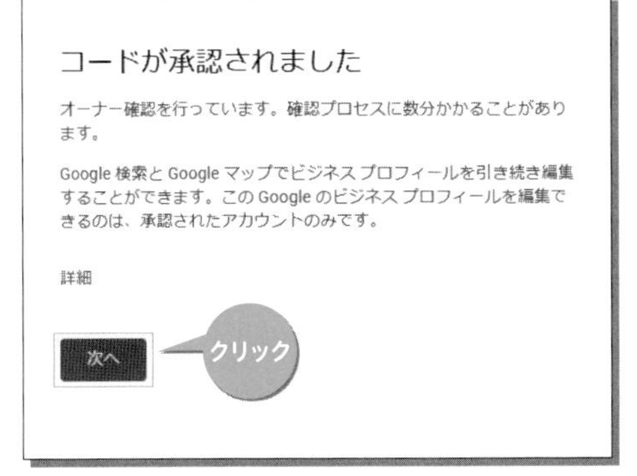

手順⑤「コードが承認されました」と案内されます。「次へ」をクリックします。

手順❻ 営業時間を入力し、「次へ」をクリックします。

手順❼ メッセージ機能（P.94参照）を有効にするか無効にします。どちらか選んで「次へ」をクリックするか、じっくり検討したければ、あとでも決められますので、とりあえず「スキップ」します。

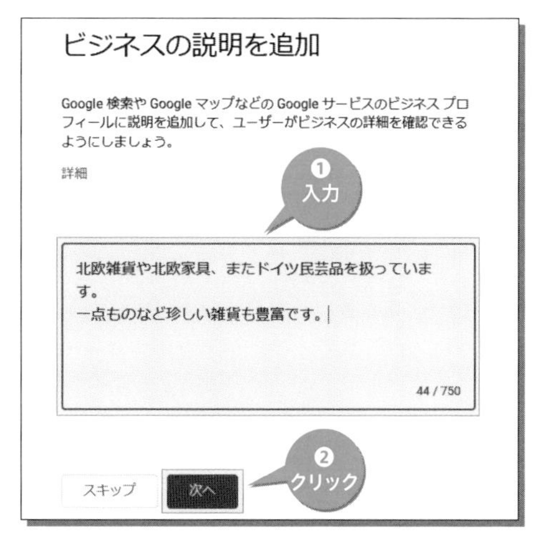

手順❽ 貴店の概要説明を記入します。750文字まで書けますが、あとでも加筆修正できますので、とりあえず数行入力したら「次へ」をクリックします。

手順❾ 貴店に関する写真を追加します。もちろんあとでも追加できますが、できる限り写真を入れておきましょう。

手順❿「広告を掲載する」という趣旨の案内が示されます。「スキップ」をクリックします。
【注意】非常に紛らわしいのですが、この「広告」とはGoogleビジネスプロフィールのことではなく「Google広告」（有料）のことです。

ウェブサイト用のカスタム ドメイン名を取得しましょう

ご自身のビジネスをオンラインでアピールできます

¥1,400/年 購入
¥1,400/年 購入
¥1,400/年 購入

クリック

スキップ　その他のドメインを探す

手順⓫「カスタムドメイン名」の案内が表示された場合は、「広告」同様、「スキップ」をクリックします。
【注意】これはGoogleビジネスプロフィールで作成できる「ウェブサイト」（P.47参照）に適用するドメインを“有料で”取得しましょうという、言うなればGoogleから貴店への「営業」です。

編集内容は確認手続きが完了すると表示されます

この後もプロフィールはいつでも変更できます。すべての変更内容は、確認手続きが完了すると Google でユーザーに表示されるようになります。

続行　クリック

手順⑫「編集内容は確認手続きが完了すると表示されます」と案内されます。「続行」をクリックします。

手順⑬「続行」を押すと、Google検索にて貴店名（屋号、会社名）で検索したときのような画面に移ります。ここまでくれば、基本的にはオーナー確認が完了していて、いよいよGoogleビジネスプロフィールの活用を始めることができます。

「オーナー確認を行っています」の表示

検索結果画面で「オーナー確認を行っています。通常は数分かかります。」という案内が出ることがあります。これは入力された情報が少なくGoogleがオーナー確認をいったん保留にしているものと考えられます。ビジネスプロフィールの編集自体は進められますので、後述する方法で可能な限り情報を埋めるようにしてください。そうすると（「数分」以上かかりますが）そのうちにこの案内は消えます。

万が一、情報をふんだんに入れてだいぶ日にちが経ってもこの案内が消えない場合は、サポートに連絡をして指示を仰いでいただければと思います（連絡先はヘルプページ最下部にあります→https://support.google.com/business/answer/7107242）。

Googleビジネスプロフィールの管理方法を知る

★ Google検索から直接、情報を管理する

オーナー確認が終わったら、さっそくGoogleビジネスプロフィールの管理を開始してみましょう。Googleビジネスプロフィールの各種情報を編集・管理するには、Google（検索）もしくはGoogleマップで貴店を検索することから始まります。ここではGoogleで自店を検索した画面から編集・管理する方法をご案内しますが、Googleマップから自店を表示しても管理画面に進むことができます。

また、実際の店舗様でよく利用される「スマホ」でのやりかたをご説明しますが、タブレットやパソコンでも概ね同じ画面になります。

手順① Googleアプリや Safari、Chromeなどのブラウザを開き、店名（屋号、会社名）で検索します。

手順② 検索結果画面で「Googleに掲載中のあなたのビジネス」という文字や、「プロフィールを編集」などのボタンが表示されれば、ここから編集・管理が可能です。※画面の仕様は変更になることもあります

ボタンが表示されない場合

なお、このとき自店が表示されるものの「Googleに掲載中のあなたのビジネス」という文字が表示されない場合は、**Googleアカウントにログインできていない可能性があります**（右図）。右上のアイコンマークをタップし、Googleビジネスプロフィールのオーナー確認をしたときのGoogleアカウントでログインします。

ちなみに、前ページ手順❷で表示される一連のコーナーそのものについては、執筆時点では名称がついていません。**本書では便宜上、このコーナーのことを「直接管理画面」と呼ぶことにします。**

では、Googleビジネスプロフィールにはどのような情報を、どのように掲載するのがよいでしょうか？このことについて次のページから考えていきましょう。

Googleマイビジネスアプリはサービス終了

Googleビジネスプロフィールは2021年11月まで「Googleマイビジネス」という名称でした。そのときに使われていた「Googleマイビジネスアプリ」は、2022年中に廃止されました。現在はパソコンであれスマホ、タブレットであれ、「Google検索結果画面から直接管理する」という方法になっています。

09 ビジネス名とビジネスカテゴリを登録する

★「ビジネス名」を編集する

それでは、Googleビジネスプロフィールで入力すべき事項を一つ一つ見ていきましょう。直接管理画面の「プロフィールを編集」ボタンを押すと、「ビジネス情報」の画面が表示されます。編集する際は項目右側の「鉛筆」マークを押しましょう。

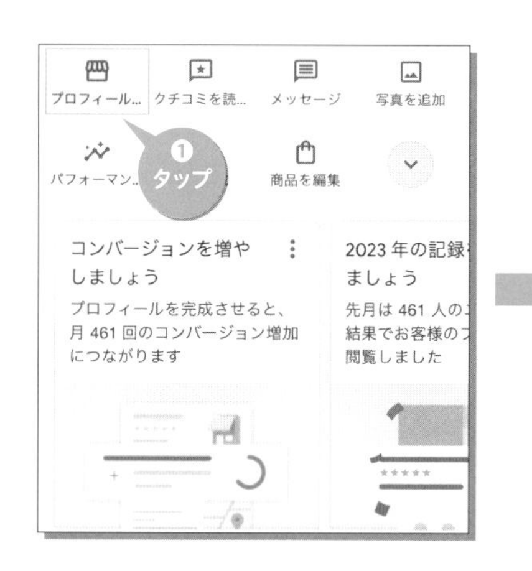

まずは「ビジネス名」を編集します。ビジネス名とは、このビジネス拠点の名称で、わかりやすくいえば「屋号・店名」のことです。「ビジネス名」についてGoogleは、次のように述べています。

> オンラインでユーザーに見つけてもらうには、正確なビジネス名（店舗、ウェブサイト、ビジネスレターなどで一貫して使用し、顧客に認知されている、実際のビジネスの名称）を使用します。
> （中略）ビジネス名に不要な情報を含めることはできません。含めると、ビジネスプロフィールが停止される場合があります。
> （引用：https://support.google.com/business/answer/3038177）

つまり「ビジネス名」には、**普段使用している屋号や店名をそのまま入力すること**が大事です。キャッチコピーのようなものは含めてはいけないので注意してください。以下、「含めてはいけない情報」の代表例を挙げています。より詳しくは引用先のページをご参照ください。

【良い例】

ホームページコンサルタント永友事務所

【悪い例】

わかりやすさ200%!!! ホームページコンサルタント永友事務所（藤沢駅徒歩5分）お電話ください0466-25-8351

「キャッチコピー（マーケティングタグライン）」は含めることができません

「所在地情報」や「道順」は含めることはできません

「電話番号」は含めることはできません

なお、Googleマップを見ると上記のような「悪い例」の情報が含まれた店舗情報を見かけることもあると思います。Googleは「ビジネス名に不要な情報を含めることはできません。含めると、ビジネスプロフィールが停止される場合があります」と述べていますので、仮に現時点で上記のような**「適切ではない名前」で登録・公開されていても、急にリスティングが停止されることがあります**のでご注意ください。

★「ビジネスカテゴリ」を編集する

続けて、「ビジネスカテゴリ」と表示されているところの右側「鉛筆」マークを押します。すると「メインカテゴリ」などが表示されます。

ここでは「カテゴリ」を編集できます。カテゴリとは業種のことです。カテゴリは、Google側が用意している業種候補一覧から「選ぶ」という形になりますので、具体的な業種名を直接入力しても下図のように表示され、「保存」を押せないこともあります。

くれぐれも、**Google側が用意している業種一覧からもっとも近いと思われるカテゴリ（業種）を選ぶ**ことに気をつけましょう。なおこのカテゴリは、必要に応じて「追加のカテゴリ」も選択することができます。追加のカテゴリはせいぜい2～3個までにしましょう。

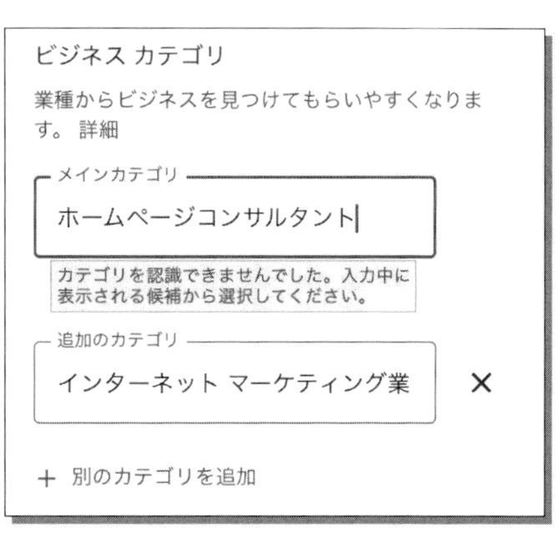

以前、とある街の工務店様が「地域名＋工務店」でなかなか上位に表示されませんでしたが、メインカテゴリを調べると「住宅建設業者」になっていました。さっそくメインカテゴリを「工務店」に変更したところ「地域名＋工務店」で上位に表示されるようになりました。もちろん、カテゴリだけがランキング要素なのではありませんが、**重要な入力個所の一つ**であることは間違いないでしょう。

10 店舗の説明文と開業日を登録する

★「説明」を編集する

「ビジネス情報」の画面で、「説明」と表示されているところの右側「鉛筆」マークを押します。

「説明」はご商売全般についてPRする箇所です。750文字以内で入力できます。「元気いっぱい、笑顔で皆様をお迎えいたします」や「ぜひぜひご来店ください！！」「皆様のハッピーライフをお届けします」などの言葉はよくPRで使われますが、具体性がなく、「お店に行ってみよう」という気持ちは起きません。限りなく具体的に書くのがポイントです。

ご参考までに、地元藤沢市の老舗寿司店「さつまや本店」様の「説明」をご紹介します。具体的、そして文字数も十分で、とてもうまい書きかたであると思います。

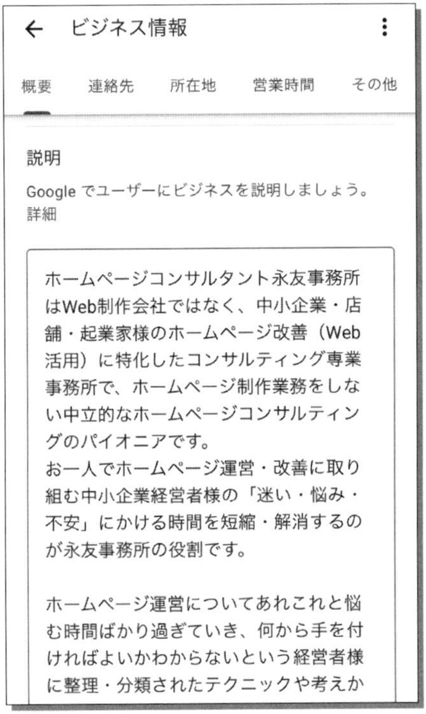

← ビジネス情報

概要　連絡先　所在地　営業時間　その他

説明

Google でユーザーにビジネスを説明しましょう。
詳細

ホームページコンサルタント永友事務所はWeb制作会社ではなく、中小企業・店舗・起業家様のホームページ改善（Web活用）に特化したコンサルティング専業事務所で、ホームページ制作業務をしない中立的なホームページコンサルティングのパイオニアです。
お一人でホームページ運営・改善に取り組む中小企業経営者様の「迷い・悩み・不安」にかける時間を短縮・解消するのが永友事務所の役割です。

ホームページ運営についてあれこれと悩む時間ばかり過ぎていき、何から手を付ければよいかわからないという経営者様に整理・分類されたテクニックや考えか

さつまや本店様の「説明」

『やさしい和食寿司屋でありたい』昭和30年創業のさつまや本店は地元のお客様のご愛顧のお陰で藤沢市内では一番古い寿司屋です。一人前1800円からプロの職人の味、特に寿司シャリ（酢メシ）の美味しさを楽しめる敷居の低い、地域密着型。創業昭和30年、戦後お弁当屋として開業した「さつまや」は時代の流れと共に1955(S.30)年の株式会社設立。1969(S.44)年に当時としては近隣で初めての3階建てのビルでした。現在の自社ビルは南洲会館として「結婚式場」を併設。その後は「宴会場」となり、バブル期以降は、ワンルーム不動産賃貸業を開始。寿司以外に、和食、会席料理、鹿児島郷土風料理、薩摩揚げ、松花堂弁当等もございます。日替わり海鮮丼と握りずし板は板長が厳選でお手頃感が好評です。4部屋ある個室は畳と襖、障子の座敷にはテーブルと椅子。年配のお客様や小さなお子様連れのご家族様からも快適だとご好評です。赤ちゃんには簡易ベッド、お子様連れでお越しの際はおもちゃやお絵描き帳、折り紙の貸し出しも。旧東海道沿いにあり、近隣に寺や神社、歴史的なスポットも点在。初宮参り、お食い初め、七五三、結納、お誕生会、慶事や法事後などのご会食のご利用も多数頂いています。近隣の藤沢公民館等のサークル、また地域のＰＴＡや幼稚園、保育園関係、ママ友の会等の懇親会、ご宴会のご利用も。『プロの寿司職人が教える寿司教室』は2009年よりのべ約8,000人日本人・外国人が参加。3歳から80代の初心者からレギュラーまで、楽しく美味しい寿司作り。参加者随時募集中！ 無料駐車場完備。

なお執筆時点では、入力時に改行を含めて読みやすくしたとしても、上記のように改行なしで表示される仕様になっています（厳密にいえば改行が半角スペースに変換されます）。

★「開業日」を編集する

続けて、「開業日」と表示されているところの右側「鉛筆」マークを押します。

ここでは**貴店が開業した日**を入力することができます。場合によりビジネス情報のところに「事業年数：●年」と表示される場合もあり、**特に老舗の事業所様はPRになります**のでしっかり入力しておきましょう。

開業日
この住所で開業した日付または開業する日付を入力します。 詳細
年*
2009
必須
月*
6
必須
日
1
保存　キャンセル　削除

ビジネスプロフィールで管理できない情報

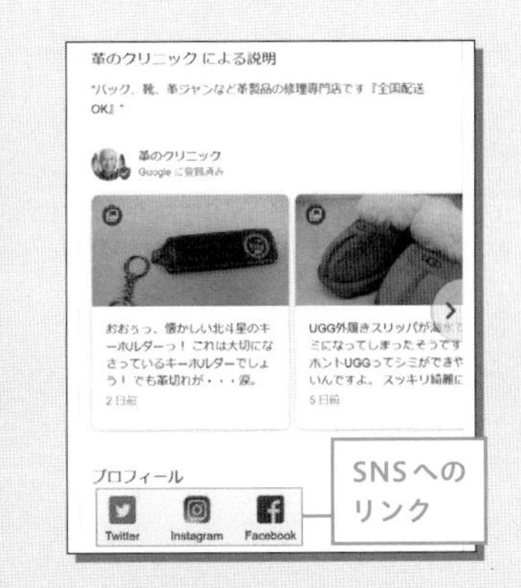

ナレッジパネルの中には「Googleビジネスプロフィールの管理画面からは管理できない情報」も含まれています。例えば、混雑する時間帯や平均滞在時間です（P.14参照）。

また他には、「プロフィール」という欄にSNSアカウントへのリンクボタンが表示される場合もあります。どのような要件でこのリンクボタンが付けられるかについて、Googleは明示していません。SNSアカウントにきちんと会社名が入っていても、そのSNSを長く運用していてもリンクボタンが出てこないこともあります。ですので、この表示については「出ればラッキー」くらいの気持ちでいるのがちょうどよいと思います。

電話番号とウェブサイトを登録する

★「電話番号」を編集する

「ビジネス情報」の画面で、「電話番号」と表示されているところの右側「鉛筆」マークを押します。

ここでは「電話番号」を編集できます。電話番号は3つまで登録することができますので、「代表電話番号」と「予約専用電話番号」、「問い合わせ専用ダイヤル」などを分けて用意しているお店は別々に入力しておくとよいでしょう。なお、電話番号を非表示にしたい場合は空欄にしてください。

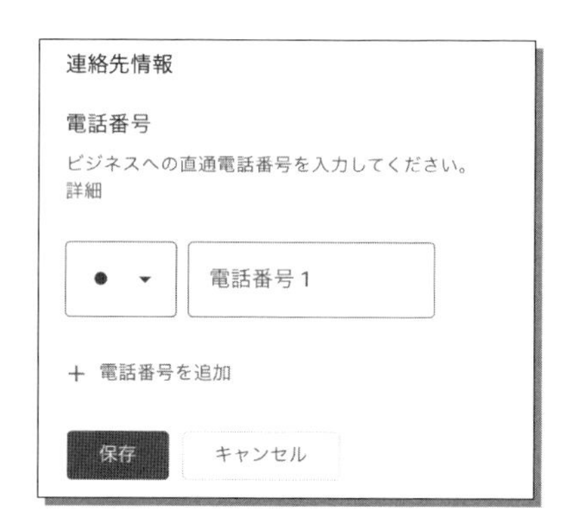

★「ウェブサイト」を編集する

続けて、「ウェブサイト」と表示されているところの右側「鉛筆」マークを押します。

ここでは「自社ホームページのアドレス」を追加できます。ホームページアドレスを掲載することは、Googleビジネスプロフィールで接点を持った新規客に、自社ホームページに来ていただくチャンスになるわけですから、ぜひこの欄にホームページアドレスを記載しておきましょう。

ウェブサイト
ウェブサイトへのリンクを追加してください。 詳細
https://8-8-8.jp/
保存
キャンセル

Googleで作る「ウェブサイト」

Googleビジネスプロフィールの「ウェブサイト」を編集するときに、「新しいウェブサイト」と表示されることがあります（執筆時点）。これはGoogleで作成できるホームページのことを示しています。

このホームページは極めて簡易的なもので、現時点では、作成できるページ数も「1ページのみ」です。追加費用もかかりません。これまでホームページをお持ちでなかった事業者様にとっては良い機能だと思いますので、作成をご検討ください。投稿や写真が自動反映される仕様になっていて、管理の手間もかかりません。

← ビジネス情報
概要　連絡先　所在地　営業時間　その他
連絡先情報
電話番号
追加
ウェブサイト
追加
新しいウェブサイト
Google で高品質のウェブサイトを、費用なしで作成できます
使ってみる　表示しない
所在地とエリア

「ウェブサイト」欄における「新しいウェブサイト」の表示例

作成したウェブサイトの例

所在地／サービス提供地域を登録する

★「ビジネス所在地」を編集する

「ビジネス情報」の画面で、「ビジネス所在地」と表示されているところの右側「鉛筆」マークを押します。

ここでは「ビジネス所在地」を編集できます。ビジネス所在地とは、事業所の住所、ビジネス拠点のことです。すでにオーナー確認が済んでいれば、所在地は適切に入っていることと思います。

このビジネス所在地欄に本来の住所には含まれないキーワードを列記するテクニックが標榜されることがありますが、それはガイドライン違反です。ビジネス情報が非公開（停止）になるペナルティを受ける可能性もあります。あくまで正しい住所のみ記載してください。

ビジネス所在地
ユーザーが来店する形態のビジネスの場合は、住所を追加して地図上のピンを店舗の位置に移動してください。 詳細
郵便番号
251-0052
都道府県
神奈川県
住所
藤沢市

なお、「訪問整体」「出張理容」などの非店舗型（無店舗・訪問型）のご商売もGoogleビジネスプロフィールを利用することができます。その場合、ヘルプページに「ビジネス拠点の住所で商品やサービスを提供していない場合は、ビジネスプロフィールマネージャの［情報］タブに住所を入力しないでください」と記載があるように所在地は空欄にし、次の「サービス提供地域」のメニューで対応可能地域を登録します。

★「サービス提供地域」を編集する

続けて、「サービス提供地域」と書かれているところの右側「鉛筆」マークを押します。

「ユーザーに商品配達や出張型サービスの対象地域を知らせましょう」という記載の通り、**無店舗／訪問型のご商売での対応地域**を入力します。都道府県や市区町村、郵便番号などでサービス提供地域を指定できます。ヘルプページでは「ビジネス拠点から車で2時間程度の範囲」で指定すると書かれています。

セミナーの質疑応答の時間などに、「自宅で『訪問整体のみしている整体業』を開業しました。Googleビジネスプロフィールをぜひ利用したいのですが、利用できるでしょうか？」というご質問をいただくことがあります。その場合は、上記の**「サービス提供地域だけを入力」する方法で、自宅住所を公開することなくGoogleビジネスプロフィールが利用できます。**

●業種別　入力方法のまとめ

ご商売の種類	所在地について入力すべき項目
実店舗でのご商売 （例）化粧品店	「ビジネス所在地」を入力してください。
訪問のみのご商売 （例）出張理容	ビジネス所在地の住所で接客することがない場合は、「ビジネス所在地」を空欄にして、「サービス提供地域」だけを入力してください。
実店舗でご商売をし、かつ、配達などもする場合 （例）喫茶店を経営し、かつ、自家焙煎珈琲豆の配達もしている	ビジネス所在地の住所で接客し、サービス提供地域もある場合は、「ビジネス所在地」と「サービス提供地域」の両方を入力してください。

平日や祝休日の営業時間を登録する

★「営業時間」を編集する

「ビジネス情報」の画面で、「営業時間」と書かれているところの右側「鉛筆」マークを押します。

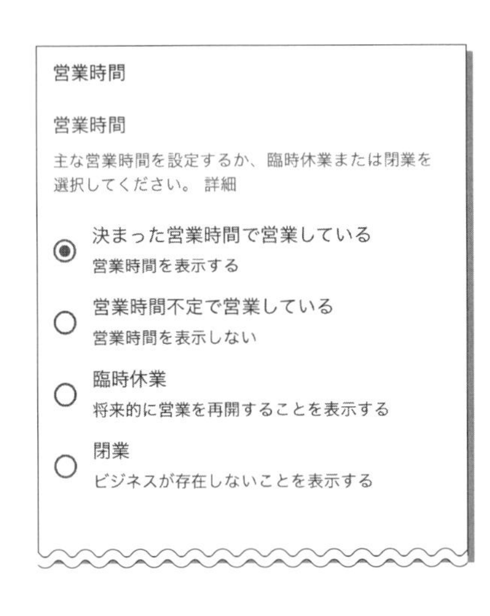

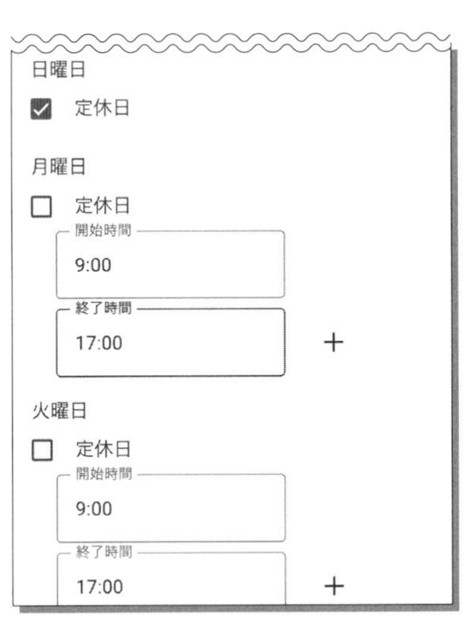

ここでは「営業時間」を編集できます。第1章でご説明したとおり、Googleはユーザーの利便性をとても重視しています。「Googleマップで見たら営業中と書いてあるのでいま実際にお店に来てみたら閉まっていたじゃないか！」という状況をGoogleは嫌います。決まった営業時間で営業しているならば「営業時間を正確に書いておく」か「定休日という表示にする」という2択になります。さまざまな事情で営業時間を表示したくない場合は「営業時間不定で営業している」をオンにします。

飲食店などでは、「ランチタイムのあとに休憩をして、ディナーからまたお店を開ける」というケースもあることでしょう。このような場合は「+」マークを押すと設定することができます。

営業時間は必ず正確に保つ

店舗ビジネス向け総合ニュースメディア「口コミラボ」様の調査によれば、Web上の営業時間が実際と異なると、クチコミの低評価率は61.5%になってしまったとのことです。営業時間が間違っているなどのとき、低評価なクチコミが寄せられる可能性が高くなってしまうというわけです。

これは消費者の立場からいえば「やむを得ない」という気もします。せっかく時間を割いて、予定をして出かけたのに「閉まっていた」という失望感は大きいものがあります。

Googleビジネスプロフィールの情報整備でもっとも大切なことは「営業時間を正確に保つ」ことだと思っていただければと思います。Googleビジネスプロフィールの活用や情報整備は、集客できるというポジティブな意味だけでなく、クレームを防止するというリスク対応でもあるのです。

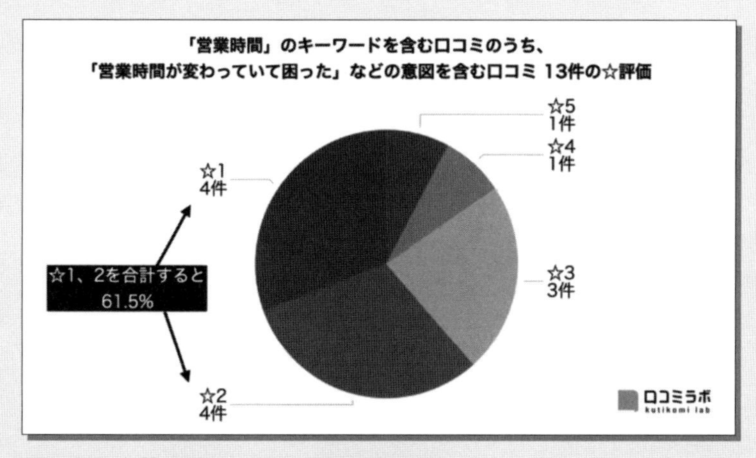

口コミラボ「『営業時間』のキーワードを含んだネガティブな口コミの内訳」（https://lab.kutikomi.com/news/review/kutikomi/manboukutikomicom/）

★「祝休日の営業時間」を編集する

「営業時間」の編集箇所の下で、祝祭日や変則的な営業日についての営業時間を編集できます。

まずは直近の祝祭日が示されますので、その日は営業しないなら「休業」にし、営業するのであれば営業時間を入力します。なお、この操作パネル最下部に「＋ 日付を追加」という文字があります。ここを押してカレンダーから日付を選択することで、変則的な営業日を設定することができます。例えば「月曜日は通常、9時から17時までの営業だが、今度の月曜日だけは10周年記念なので8時から21時まで営業する」といった特別な営業時間を設定できます。

祝休日の営業時間
ユーザーに知らせる祝休日の営業時間を確認してください。 詳細
1月10日(月)
成人の日
休業
2月11日(金)
建国記念の日
休業

★「他の営業時間」を編集する

「他の営業時間を追加」という項目もあります。

ここでは「テイクアウト」「宅配」や「注文可能時間」など特別サービスの営業時間を追加できます。特に飲食店様で「ラストオーダーの時間を明示したい」とお考えの場合は、この「注文可能時間」という設定をうまく使うとよいでしょう。該当しない場合はもちろん編集する必要はありません。

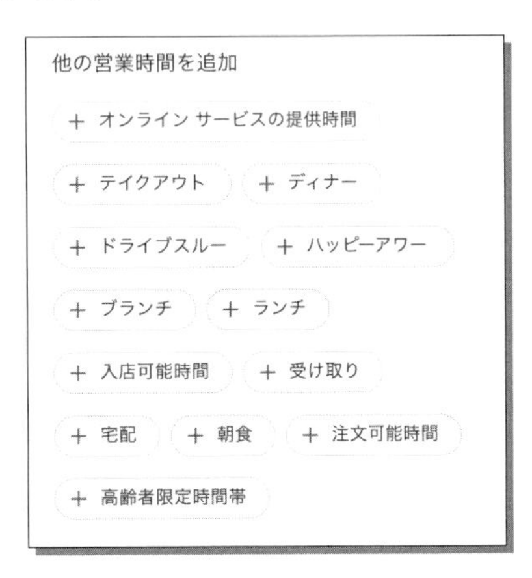

設備や提供のしかたの情報を登録する

★「その他」で属性を編集する

「ビジネス情報」の画面の一番下に、「その他」という箇所があります。これは設備や提供のしかた、バリアフリー情報などの属性を設定することができます。特に競合他店との差別化になりそうな部分は設定しておくようにしましょう。

概要　連絡先　所在地　営業時間　その他

その他

ビジネス所有者提供情報
追加

お支払い
追加

サービス オプション
店先受取不可
ドライブスルーなし
テイクアウト OK
宅配サービスなし
非接触デリバリー対応なし
オンラインで注文した商品の店舗受け取り可
当日配達なし
店舗内ショッピングに対応

バリアフリー
追加

「その他」の設定例

ただし、執筆時点の仕様では「はい」か「いいえ」を選んだあとはそれを解除することができないようです。
「いいえ」（対象でない／その設備はない、など）ということをあえてPRしたくない場合は、「はい」も「いいえ」も「選ばない」でよいと思います。

取り扱っている商品を登録する

★「商品」を編集する

直接管理画面に「商品を編集」ボタンがある場合はその編集ができます（カテゴリによって出ない場合があります）。

ここでは「貴店が取り扱っている商品」をPRできます。「商品」欄に入力した情報は、スマホのGoogle検索でビジネスプロフィールが表示されたときに「商品」というタブの中に表示され、また写真欄の下にも表示されます。パソコンの場合は電話番号の下に目立って表示されます。各商品からはネットショップなどにもリンクが張れますので積極的に活用しましょう。

以下の事例は山梨県北杜市の家具作家「ZEROSSO」様です。

「商品」タブが表示され、その中に商品が掲載される

写真欄の下にも商品が掲載される

パソコンの場合は、電話番号の下に商品が目立って表示される

★「商品」を登録するときのポイント

直接管理画面の「商品を編集」ボタンを押します。新しく商品を追加する場合は「商品を追加」を押します。

写真と商品名、商品カテゴリ

適宜、写真を追加し商品名を入力、またその商品カテゴリを追加します。カテゴリは「店主おすすめ」「新商品」など漠然としたものではなく、「鍋・フライパン」「包丁・刃物」「工具」（金物店の場合）など具体的な商品分類にしましょう。

価格と説明

続けて「商品価格」「商品の説明」を記入します。価格は（税込）などの文字や記号は記載できませんので始めから税込金額で記載しましょう。価格欄は省略できます。「3,300円～」のような価格帯（金額の幅）の記載はできません。

「商品の説明」はPRになるように、また誤解を招かないように、できるだけ詳しく書きましょう。

商品のランディングページURL

続けて「商品のランディングページURL」を記載します。ここからネットショップなどにもリンク誘導できますので、できるだけ記載してください。最後に「公開」ボタンを押します。商品はGoogleによって審査され、問題がなければ掲載されます。

商品のランディング ページ URL（省略可）

0 / 1500

なお、この「商品」欄に限りませんが、Googleビジネスプロフィールでは画面仕様や入力項目、名称が変わることはよくあります。実際の画面をよく見ながら、臨機応変に編集を進めるようにしてください。例えば執筆時点では商品の「並べ替え」はできず編集した新しい順に掲載されますが、将来的には商品の並べ替えができる可能性はあります。

商品に掲載できないものもある

この「商品」欄はぜひ活用したいところですが、掲載できないものもあります。以下に一例を示します。詳しくはヘルプページをご参照ください（https://support.google.com/merchants/answer/6150006）。

- チケット
- 金融商品
- 電子書籍
- 通貨／ギフトカード
- 不動産
- サービス

提供しているサービスを登録する

★「サービス」を編集する

直接管理画面に「サービスの編集」ボタンがある場合はその編集ができます（カテゴリによって出ない場合があります）。

ここでは「貴店が提供しているサービス」をPRできます。「商品」欄とは違い無形のサービスを入力する欄で、画像を登録することもできません。「サービス」欄に入力した情報は、スマホのGoogle検索、Googleマップでビジネスプロフィールが表示されたときに「サービス」というタブの中に表示されます。

＜　ホームページコンサ…　　…

概要　サービス　クチコミ　写真　最新情報

わかりやすいInstagram（インスタグラム）講習会～店頭で簡単に運用できるSNS活用術！～

店舗（店頭）でネット活用を図りたいが、パソコンを開いてじっくりと情報発信するのが難しい…という小売店、サービス業様などが運用しやすいInstagram（インスタグラム）活用の講習会です。「いいね！を増やす方法」「インスタ映えする写真の撮りかた」などの短絡的な内容ではなく、どのような仕組みで、どのような流れで実際の引き合い増加までつなげるかという「Web活用全体像」「中小企業Web運営実務」を踏まえたInstagram（インスタグラム）利用のご提案をさせていただきますので、SNSで販売促進／販路拡大をお考えの中小企業様向けにぴったりな内容になっています。

わかりやすいホームページコンサルティング（対面型）

「迷いがパッと晴れた」「自社目線から脱却できた」と評される対面相談です。特に、・「現状の自社HP、Web活用は何が問題で、まずどこから何をすべきか（何から手をつけて良いか）わからない」・「ネット集客の状況が悪くなったことは確かだが、アクセスが少ないからなのか内容が悪いからなのかが、わからない」・「自社で取り組んでいるWeb運営について、いま何が良くて何が不十分かの判断がつかない」という、根本的で複雑な課題を冷静に整理し、いますぐ無

「サービス」タブが表示され、その中にサービスが掲載される

★「サービス」を登録するときのポイント

「サービス」欄の登録は二段構えとなり、初めにサービスのタイトルを入力し、Googleの審査で問題がなければ掲載されます。そのあとで詳細情報を登録する、という手順になります。

それでは、直接管理画面の「サービスの編集」ボタンを押してください。

サービスのタイトル（一段階目）

カテゴリに即し、新しくサービスを登録する場合は「サービスを追加」を押し、続けて「＋カスタムサービスを追加」を押します。指定文字数以内でサービスのタイトルを記載して「保存」します。Googleにより審査され、問題がなければ掲載されます。

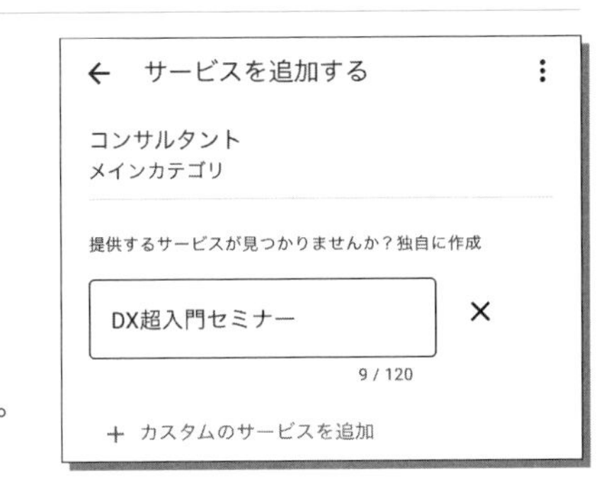

価格情報と説明（二段階目）

審査後にサービスタイトルだけ無事掲載されたら、そのサービス名称を押し、価格情報と説明を記載して「保存」します。

執筆時点の仕様ではサービスの説明欄にリンクを張ることはできません。ここから直接ホームページなどに誘導できないことも踏まえ、この**説明はできるだけ「ふんだんに」「詳しく」しておくとよいでしょう。**

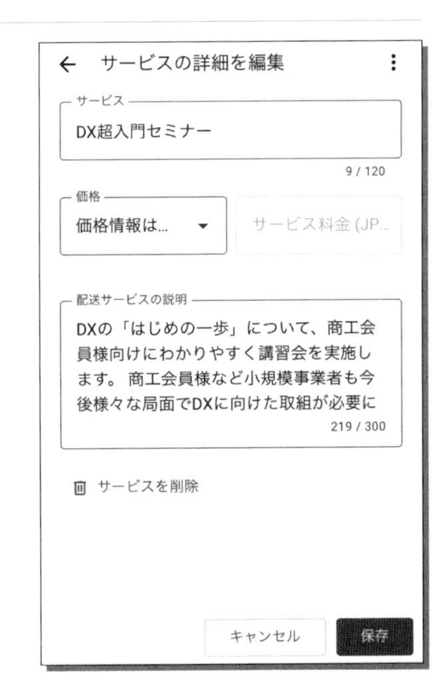

COLUMN 2

Google広告とは？

「Googleビジネスプロフィールは無料で使えるツールです」と説明すると、中小企業経営者様から「Googleは、なぜ、このような高度なサービスを無料で提供しているのですか？（何か裏があるのでは…）」というご質問をいただくことも少なくありません。

端的にお答えすれば、「広告収入増を意図しているため」です。Googleのビジネスの大部分は「広告」でまかなわれています。多くのユーザー（店舗）が無料で使ったとしても、そのうちのごく一部でも「広告」を出すのであれば、それで収入がまかなえるという考えかたです。俗にいう「フリー戦略」です。つまり、広告を出し得る分母（＝店舗）の数を増やすことが「Googleが無料であってもGoogleビジネスプロフィールを使わせてあげる」ことの狙いだと思います。

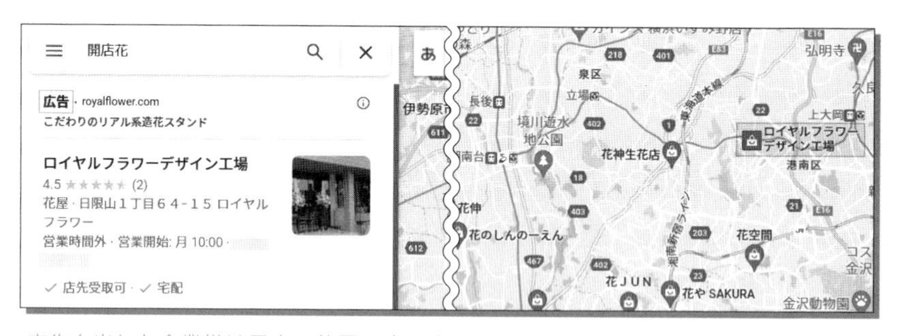

広告を出した企業様は目立つ位置に表示される

上の図は、パソコンのGoogleマップで「開店花」という言葉で検索したときの画面です（執筆時点）。店舗一覧の一番上など目立つ位置に、広告を出した生花店様が掲載されているのが確認できます。またマップ内のアイコンが通常の風船型ではなく四角になっていて目立ちます。Googleに広告を出すサービスは「Google広告」といい、特にGoogleマップにも出稿するものを「ローカル検索広告」といいます。広告出稿は有料になり、Googleビジネスプロフィール直接管理画面の「広告掲載」から出稿することができます。

▶【参考】ローカル検索広告について
https://support.google.com/google-ads/answer/3246303

第3章

ライバルに差をつける「攻め」の運用テクニック

写真の掲載量／品質が集客の成否を分ける

Googleマップの中には、「誰が撮ったかわからないような、街中の写真」がメイン写真として掲載されているケースが少なくありません。これは「ストリートビュー」と呼ばれるもので、Googleが特別な車両で街中を走り、360度撮影できるカメラで撮影・公開したものです。

すでにお話ししたように、Googleビジネスプロフィールの「オーナー確認」をしていないお店もまだまだ多い状況です。そしてオーナー確認が済んでおらず、ユーザーからも写真が1枚も投稿されていないお店の場合は、ほぼ間違いなく**メイン写真としてこの「ストリートビュー」の写真が入ってしまっている**のです。

ストリートビュー写真でも「このお店は、この道沿いにあるのか」という情報提供はできます。しかし殺風景な写真や、また場合により「数年前の現場」「改装前の店舗」が写っていたりして、お客様に誤解を与える可能性もあります。

★ 写真で他店に差をつける

さてここで、第1章に立ち返ってみましょう。

> **写真を追加する**
>
> ビジネスの内容を伝え、商品やサービスを紹介するには、写真をビジネスプロフィールに追加します。的確で訴求力のある写真を掲載すれば、求めている商品やサービスがあることを顧客にアピールできます。
>
> （引用：https://support.google.com/business/answer/7091）

Googleは**「的確で訴求力のある写真を掲載しましょう」**と述べています。的確とは「お店をよく表しているもの」、訴求力あるとは「来店したいと思わせるような、魅力的な」という意味でしょう。Googleビジネスプロフィールに的確で訴求力ある写真を掲載し、かつ「ふんだんに」掲載する（写真を増やす）

ことで、Googleマップで新規顧客と出会うチャンスが増大することでしょう。

そして名称や所在地といった一般的な項目では他店と差がつきにくいところ、「写真」はいかようにでも増やすことができるので、**「写真」投稿に手間をかけていくことがとても重要**です。同業他店がどのような写真を掲載し、またそこにはどのような意図があるかを考察してみましょう。

★「多種多様な写真」の掲載が重要

そのお店に複数の写真が登録されている場合、検索キーワードに応じてどの写真を表示させるかはGoogleが決定しています。とある街の老舗宝飾店様では、現在写真が200枚以上登録されています。「市町村名＋結婚指輪」で検索すると登録してあるうちの指輪の写真が表示されます。「市町村名＋ネックレス」で検索すると登録してあるうちのネックレスの写真が表示されます。これはつまり、**Googleが人工知能によりキーワードに適した写真（「関連性」が高い写真）を自動的に判別して表示している**ことを意味します。

お客様がどんな言葉で検索するかわからない以上、我々事業者側としては**できるだけ多種多様な写真（もちろん自店に関するもの）をたくさん追加しておくことが望ましい**といえます。

多種多様な写真の掲載例（さつまや本店様）

例えば老舗寿司店「さつまや本店」様では、「七五三の会食などでは障子、襖を閉めてお子様の着替えに個室をお使いいただけること」「簡易的なベビーベッドも用意できること」などを示す写真も掲載しています。寿司そのものの写真にとどまらず、多種多様な写真を数百枚掲載しているのです。

なお、キーワードに適した写真を自動的に表示してくれることもあり、追加済みの写真の順番は変更できません。というより「写真の順番」という概念がないともいえます。

ストリートビュー写真は差し替えできる？

「当店の公道ストリートビューの風景は数年前のもの。これを差し替えできないか？」と質問をいただくことがあります。スマホとアプリを使えば差し替えは可能です。ご興味があるかたは以下のヘルプページをご確認ください。

しかし現実的には、オーナー確認後に新しい写真をたくさん掲載したほうがよいのでは、とご提案しています。これは、初期設定のストリートビュー写真よりも、オーナーが提供した写真のほうが優先して表示されることが多いからです。最新の適切な外観を「写真」として追加しましょう。

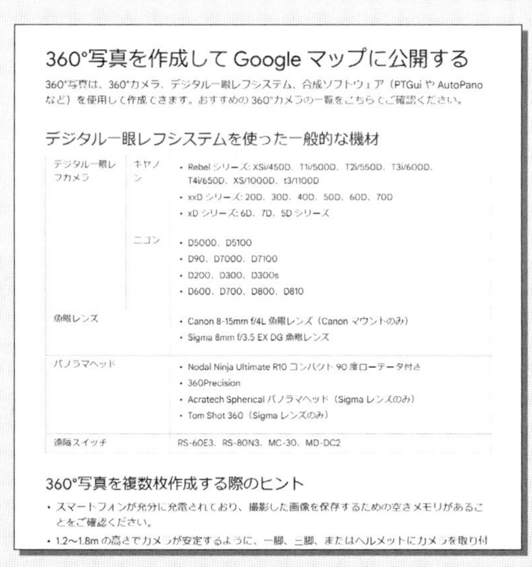

360°写真を作成して Google マップに公開する

360°写真は、360°カメラ、デジタル一眼レフシステム、合成ソフトウェア（PTGui や AutoPano など）を使用して作成できます。おすすめの 360°カメラの一覧をこちらでご確認ください。

デジタル一眼レフシステムを使った一般的な機材

デジタル一眼レフカメラ	キヤノン	• Rebel シリーズ: XSi/450D、T1i/500D、T2i/550D、T3i/600D、T4i/650D、XS/1000D、t3/1100D • xxD シリーズ: 20D、30D、40D、50D、60D、70D • xD シリーズ: 6D、7D、5D シリーズ
	ニコン	• D5000、D5100 • D90、D7000、D7100 • D200、D300、D300s • D600、D700、D800、D810
魚眼レンズ		• Canon 8-15mm f/4L 魚眼レンズ（Canon マウントのみ） • Sigma 8mm f/3.5 EX DG 魚眼レンズ
パノラマヘッド		• Nodal Ninja Ultimate R10 コンパクト 90 度ローテータ付き • 360Precision • Acratech Spherical パノラマヘッド（Sigma レンズのみ） • Tom Shot 360（Sigma レンズのみ）
遠隔スイッチ		RS-60E3、RS-80N3、MC-30、MD-DC2

360°写真を複数枚作成する際のヒント

- スマートフォンが充分に充電されており、撮影した画像を保存するための空きメモリがあることをご確認ください。
- 1.2～1.8m の高さでカメラが安定するように、一脚、三脚、またはヘルメットにカメラを取り付

「360° 写真を作成して Google マップに公開する」
（https://support.google.com/maps/answer/7012050）

18 写真の掲載と削除の基本

★ 写真を掲載する方法

それでは、オーナーとして写真を追加する方法をお伝えします。Googleビジネスプロフィールの「写真」欄の使いかたを見ていきましょう。

手順① まずは直接管理画面の「写真を追加」ボタンをタップします。

手順② 次に、「写真」をタップします。

手順③ 「写真や動画を選択」をタップします。

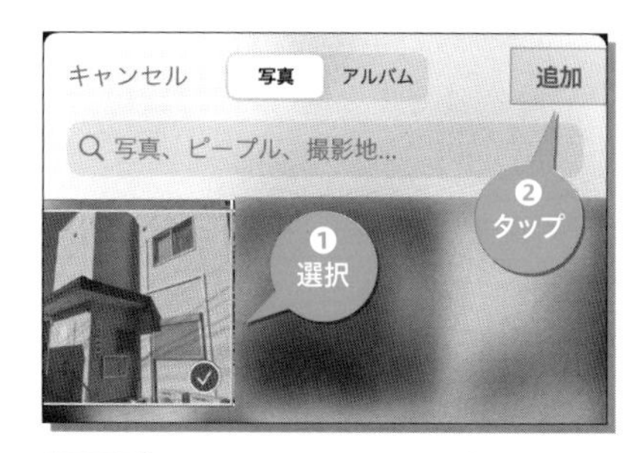

手順④ 撮影済写真の一覧が出ます。その中から追加したい写真を選んで「追加」をタップすると、すぐに掲載されます。

写真の最適なサイズ／形式とは？

クライアント様やセミナー受講者様からよくいただく質問として、「どれくらいの大きさの写真を用意すべきですか」というものがあります。Googleビジネスプロフィールのヘルプページ（https://support.google.com/business/answer/6103862）によれば、「以下の基準を満たす写真が最適」とのことです。

- 形式：JPGまたはPNG
- サイズ：10KB～5MB
- 推奨解像度：縦720ピクセル、横720ピクセル
- 最小解像度：縦250ピクセル、横250ピクセル
- 品質：ピントが合っていて十分な明るさのある写真を使用します。大幅な加工や過度のフィルタ使用は避けてください。雰囲気をありのままに伝える画像をお選びください。

あまり難しく考えず、**「スマホで撮った写真」でよい**と思います。ただし最新のスマホはカメラ機能が高性能になっていますので、サイズが5MBを超える可能性もあります。サイズは適宜確認し調整してください。

★ 掲載した写真を削除する方法

オーナーの立場で掲載した写真は削除することができます。ここでは例として、スマホのGoogleマップアプリを使います。

手順① Googleマップアプリで貴店のビジネスプロフィールを表示します。「概要」「クチコミ」などのタブがあると思います。このうち「写真」のタブをタップし、次に「オーナー提供」を表示します。

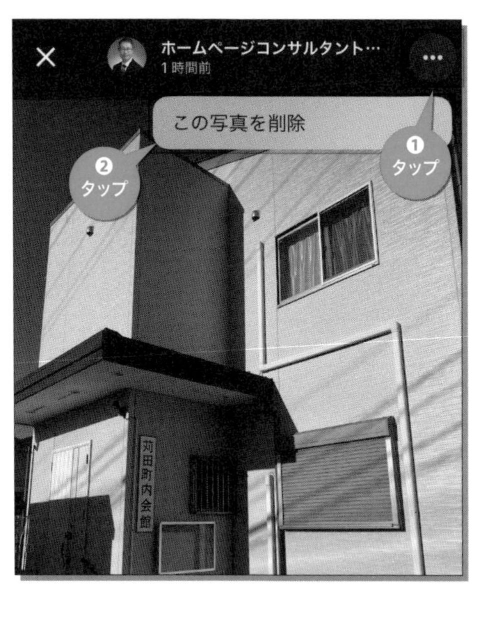

手順❷ その中から削除したい写真を選び、右上の「…」→「この写真を削除」をタップします。「Googleマップからこの写真を削除しますか？」のOKをタップします。

★ ユーザーが掲載した写真は削除できる？

貴店のビジネス情報に、ユーザーが写真を投稿することがあります。これを削除する方法はあるのでしょうか？残念ながら直接的に削除する方法はありません。しかしユーザーが掲載した写真が**Googleマップの「写真に関するポリシー」に違反している場合は、その写真の削除をリクエストできます。**「写真に関するポリシー」とは、

- **その場所での実体験に基づいている必要がある**
- **わいせつ、冒涜的、不適切な言葉やジェスチャーを含むコンテンツではない**
- **違法な内容ではない**
- **虚偽の内容ではない**

などです。これに反すると思われる場合は、当該写真の右上から削除申請（ポリシー違反報告）が行えます。繰り返しになりますが、これは削除の「リクエスト」であって、ダイレクトに「削除」することはできません。削除される保証はないので、基本的には**「オーナー側からの写真を増やす」ことで、当該（ユーザーからの投稿）写真が閲覧される可能性を低下させる**のが現実的です。

19 商品、外観、内観…掲載すべき写真のパターン

それでは、Googleビジネスプロフィールにはどのような写真を掲載すべきでしょうか？筆者は以下のように考えています。

お店の外観

初めてのお客様は、外観（建物外観、看板）を頼りに訪問するでしょう。ですので、改めて「外から見た建物外観」「看板」写真を撮って掲載したいですね。細かいことですが、入り口に段差があるのかどうか？は結構重要です。

さつまや本店様は、モダンな外観の写真を掲載しています。「藤沢宿」（東海道五十三次の6番目の宿場）にあることを示すタペストリーが印象的です。また入り口に段差がなさそうなこともわかり、ベビーカーでも入店しやすそうなことがわかります。

客席全体

初めてのお客様は、その客席全体の写真から、**ベビーカーは入れそうか？宴会はできそうか？などを判断する**ことでしょう。また、格調高いのか？庶民的なのか？といった**お店の雰囲気**も判断すると思います。個人的な話で恐縮ですが、筆者は残念ながら右膝が悪く、畳と座布団の座敷に正座やあぐらで座って長時間食事をすることが難しいです。ですので、Googleマップで飲食店を探す際、特に宴会の場合は、店内写真をくまなく見て、掘りごたつかどうか？を非常に注意深く確認しています。逆に、掘りごたつかどうか確認できない飲食店は、候補から外しています。

さつまや本店様の写真では、「テーブル、椅子席」の座敷であることがわかります。また部屋の奥にモニターがあり、謝恩会・送別会でDVDを流すなど有効に活用できそうです。

商品の写真

オーナーではなく一般ユーザーも貴店のビジネス情報に写真を追加できてしまいます。そのお客様が撮影上手なら良いですが、そうでなければ、なんとなく、いただけない感じの写真が掲載され続けてしまいますね。イメージの問題に直結しますので、せっかくなら良い商品写真を撮りましょう。料理の写真の場合は、基本的には真上からではなくナナメの構図で撮るとよいでしょう。

ナナメの構図で撮られた明るい写真には、食欲をそそられますね。光は順光（被写体の手前から照らす方法）だと撮影者の影が写ってしまいますし、逆光気味のほうが立体的、印象的に美味しそうに撮ることができます。できれば自然光が入る窓際席やテラス席での撮影を試してみてください。

なお、ここでは飲食店を例に説明していますが、飲食店における店内写真や料理写真のような「もっとも重要なPR写真」については、「初めてお店を訪問しようとするお客様」をイメージしながら撮影し、掲載いただければと思います。筆者はこれを「『お店の当然はお客様には新鮮』の法則」と呼んでいます。例えばエステ台が2台ある化粧品店様は、それがお店様にとっては当然であっても、

- 「えっ！化粧品を買うだけでなくフェイシャルエステもできるの？」
- 「えっ！一人だけではなく二人同時にエステができるの？（友達を誘ってみよう…）」

など、特に新規のお客様には非常に新鮮な驚きになるかもしれません。

- ▶「こんなことは、地域のお客様はみんな知っているだろう…（だからあえて撮影しなくてもよいか）」
- ▶「この商品は、昔から置いてあるからみんな知っているだろう…（だからあえて撮影しなくてもよいか）」

ではなく、くれぐれも「初めて貴店を訪れようと思っている」お客様をイメージしながら、写真掲載を進めていきましょう。

駐車場の写真

クルマで訪問するかたは、カーナビなどを見るにせよ、最終的には**「駐車場看板」**を目標にするはずです。駐車場看板や駐車場そのものの写真を掲載すると、お客様にとってはとても親切ですね。

スタッフの写真

ネットでは「人気（ひとけ）」が大事です。「人がいる感じ」のある写真は、見る人に親しみやすさを感じさせます。

「ビジネス用写真」というヘルプページ（https://support.google.com/business/answer/6123536）には、上記それぞれの種類の写真について「少なくとも3枚掲載しましょう」などと書かれていますが、実際にはその種類の写真がまったくなくても問題はありません。例えば筆者は個人事業所であり「チームの写真」などが掲載し得ないのですが、Googleビジネスプロフィールの情報が削除されたり、停止になったりするわけではありません。

入口の段差の有無、座敷のかたち、電子決済は使えるか、禁煙かどうか、駐車場は何台停められるかなど、**来店するにあたりお客様が不安・疑問に思うことに対応する「お客様目線の写真」**を積極的に掲載することをおすすめします。

カバーとロゴに最適な写真とは？

Googleビジネスプロフィールには、「ロゴ」「カバー写真」という目立つ写真を登録することもできます。この登録は直接管理画面の「写真を追加」ボタンから行えます。

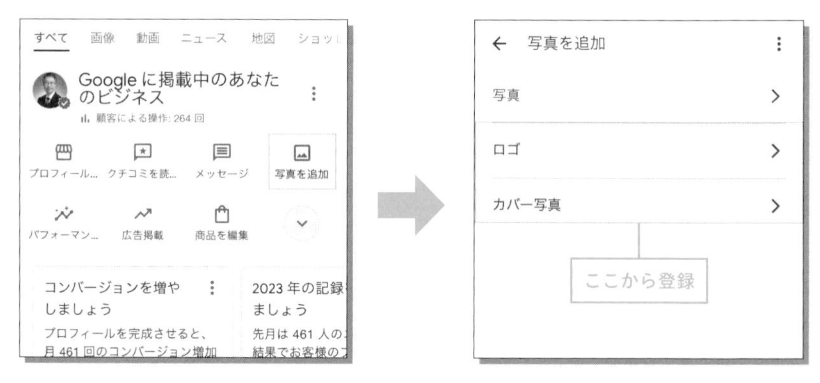

「写真を追加」ボタンから「ロゴ」「カバー写真」を登録する

「カバー写真」は店舗情報のもっとも目立つ位置に表示されることが多く、「ロゴ」に登録した写真は、スマホで見たときのスポット名称の、右側の丸いアイコンになります。

いずれも自店の印象をアップさせ、ユーザーに自店を覚えてもらうための重要な写真です。楽しみながら工夫して、最適な写真を掲載しましょう。変更は何度でも行えます。

カバー写真の選びかた

「カバー写真」は、自店ビジネス情報にて「ぱっと見」で表示される可能性が高いため、**必然的に閲覧される数がとても多くなります**。ですので例えば、

▶単に店主が棒立ちの写真
▶単に看板を大写しにした写真

などは、カバー写真としてはややもったいないように思います。

▶温泉旅館であれば、自慢の露天風呂や名物料理、風情ある外観
▶マツエク店やネイルサロンであれば、素敵な施術写真
▶革製品修理店であれば、きれいに修理した品物の写真

など、自店の価値をもっとも伝えられる写真をカバー写真に選びましょう。季節ごとに変更するのも面白いと思います。

なお、自店がカバー写真を登録しても、稀にユーザーが投稿した写真が「もっとも目立つ写真として」掲載されることがあります。この点、厳密に制御することはできませんのでご了承ください。

★ ロゴ写真の選びかた

「ロゴ」はアイコン的なもので、比較的小さいパーツになります。そのため、

▶多種多様なものが写っている、要するに「ゴチャゴチャした写真」
▶看板、表札などの「文字」をメインにした写真

は不向きでしょう。それこそ、

▶ロゴマーク
▶店主の顔写真

といった**シンプルかつインパクトのある写真**が最適です。

COLUMN 3

Googleマップに喜んでクチコミ／写真投稿をする人とは？

先ほどから「一般ユーザーも貴店に写真を投稿してしまうことがある」とお話ししていますが、この「一般ユーザー」の中でも特に熱心に写真投稿するのは「Googleローカルガイド」かと思います。

> ローカルガイドは、Googleマップで口コミを投稿したり、写真を共有したり、質問に回答したり、場所の追加や編集を行ったり、情報を確認したりするユーザーの世界的なコミュニティです。旅行の目的地、レストランやショップ、アウトドア施設やテーマパークなどを選ぶときに、多くのユーザーがローカルガイドの口コミ情報を参考にしています。
>
> （引用：https://support.google.com/local-guides/answer/6225846）

Googleローカルガイドには18歳以上のGoogleユーザーなら誰でもなることができます。じつは筆者もその一人で、地元や出張先のスポットについて「クチコミ」や「評価」を行っていて、また、場合によって「写真や動画」を掲載しています。執筆時点で筆者は3514件のクチコミをしています。写真は2588枚投稿し、その写真はのべ1460万回以上閲覧されているようです。

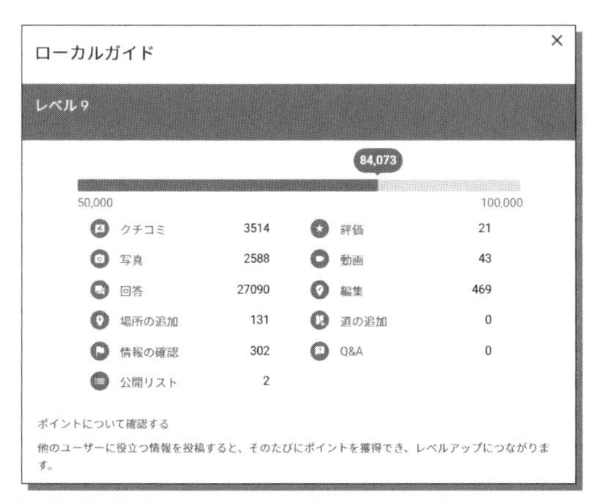

筆者のGoogleローカルガイド画面

では筆者はなぜ、ここまでクチコミや写真を投稿するのでしょうか（ヒマだからでしょうか？）。はっきりと考えたことはありませんでしたが、改めて整理すると、以下のような気持ちからローカルガイドとして写真投稿などを行っています。

▶自分が訪れた場所について「クチコミ」「写真」が少なそうであれば、それを投稿することで、新たに来訪する人の役に立ちたいな（情報不足を解消したい）
▶自分が掲載したクチコミや写真がきっかけで来店などが増えればいいな（応援したいお店の写真投稿をよくします）
▶写真投稿やクチコミ投稿を行うとローカルガイドの「ポイント」がアップしていくので、それが楽しいな（ゲーム感覚）

つまり、「報酬を得る」などの直接的なメリットはないのですが、要するに「自己満足」で写真投稿を続けているのです。なお時折、Googleからローカルガイド宛に「ご褒美」のようなメールが届くことがあります。これがどこまでローカルガイドのモチベーションアップにつながっているかは不明ですが、Googleが「ご褒美」を示してまで、地域情報の収集に躍起になっていることがわかって興味深いです。

Googleのメンバーシップサービス「Google One」12か月無料オファーメールの例

画像編集で写真を見栄えよくするには？

Googleマップに掲載されている店舗の「写真」を見るユーザーは、なんとなくネットサーフィンをしているわけではなく、「お店を選ぶ」という目的を持っていると考えてよいでしょう。要するに、写真の雰囲気やクチコミで、「自分に相応しいか？」「行ってみたいか？」を選定しているわけです。その意味で、写真をより良く見せようとするのは、ご商売をされているかたの当然の発想でしょう。今のスマホはとてもきれいな写真が撮れるとはいえ、「より良く見せる余地」があればチャレンジすることをおすすめします。

★「Snapseed」アプリで加工する

筆者は「Snapseed」（スナップシード）というスマホアプリ（iOS版／Android版）を日ごろから愛用しています。ここではSnapseedをダウンロードし、スマホで撮影した写真を加工する方法をご説明します。

手順❶ iPhoneの場合は「App Store」アプリ、Androidの場合は「Google Play」アプリをタップします。

手順❷ アプリ内の検索欄に「snapseed」と入力し、「検索」をタップします。

手順③ 「Snapseed」アプリを見つけたら「入手」をタップします（iPhoneの場合）。Androidの場合は「インストール」をタップします。

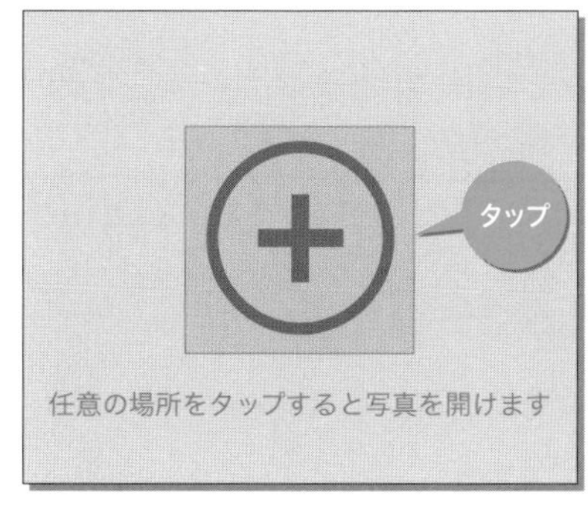

手順④ アプリを起動したら「+」マークをタップして、写真の参照を許可します。その後、カメラロール（Androidの場合は「ギャラリー」）の中から加工したい写真を選びます。

手順⑤ 手間をかけず、簡単に見栄えを変更したいときは「効果」をタップし、「Portrait」「Smooth」「Pop」などの「あらかじめセットになった加工法」を当てはめるとよいでしょう。例えば「Pop」の場合は、写真が明るく、色も鮮やかになります。

手順⑥ 一方、細かく加工していきたい場合は「ツール」をタップします。それぞれの加工法を示すボタンが表示されますので、任意のものを選びます。ここではもっとも代表的な「画像調整」という加工法を例にお話しします。「画像調整」をタップしてください。

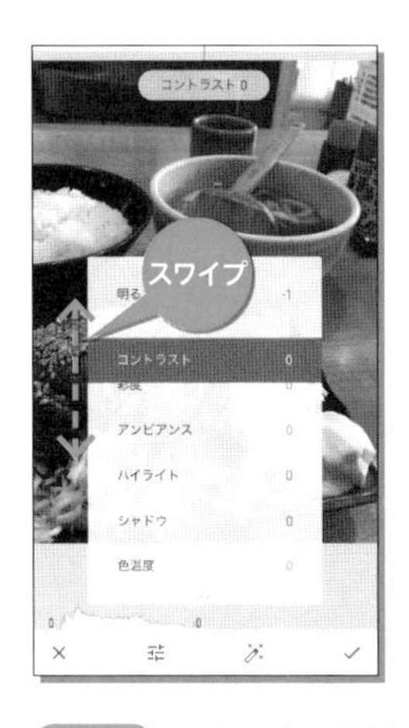

手順⑦ 写真の上で縦方向にゆっくりスワイプして編集メニューを選択します。

編集メニュー	加工でできること
明るさ	画像全体の明るさを変更します。
コントラスト	画像全体のコントラストを変更します。
彩度	画像の色の鮮やかさを変更します。
アンビアンス	コントラストにひねりを加えて、画像全体の明るさのバランスを調整します。
ハイライト	画像の明るい部分のみ明るさを変更します。
シャドウ	画像の暗い部分のみ明るさを変更します。
色温度	画像全体に暖かみのある、または冷たい色調を色かぶりとして追加します。

（Snapseedヘルプページ「https://support.google.com/snapseed/answer/6157802」をもとに作成）

手順⑧ 横方向にスワイプして加工していきます。右方向は「＋」の補正、左方向は「－」の補正がかかります。例えば「明るさ」を選んだあとで右にスワイプすると写真が明るくなり、左だと暗くなります。加工は組み合わせることもできます。

手順⑨ 加工が済んだら、画面右下のチェックマークをタップして作業を終えます。その後、画面右下の「エクスポート」をタップすると保存の案内が表示されます。原本と加工後の写真の両方を保存しておきたい場合は「コピーを保存」をタップしましょう。

22 見栄えをよくするための加工方法

★ 筆者おすすめの加工方法

ところで筆者は個人的にInstagram（インスタグラム）をやっていますが、掲載している写真はすべてSnapseedで加工したものです。それでは、筆者おすすめの加工と、その加工順序、意図をご紹介します。

筆者のInstagram画面

手順❶ まずは「回転」を検討していきます。回転ボタンをタップすると「傾き調整」という画面になります。もともとの写真が傾いている場合は、ここで自動的に傾きを補正してくれます。特に建物など、縦横のラインがはっきり出てしまう写真は、傾いたままだと「失敗写真」のような印象になりかねません。ですので「回転」は地味ながらも重要な加工です。

手順❷ 「切り抜き」を検討していきます。一部だけ切り抜く、というより、被写体の周囲に写り込んでしまっている“外側の要らないもの”をカットする、という意図です。

手順③「画像調整」の「明るさ」を変更していきます。多くの場合、明るさを足していくと見栄えよい写真になると思います。ただし、すべての写真で明るくすればよいわけではなく、「周辺減光」（手順⑧参照）を使って被写体を印象深く浮き上がらせたい場合は全体の明るさを引いて（暗くして）いきます。なおすべての加工において、プラスもマイナスも「20」くらいまでが加工の限度かと感じています。それ以上は“やりすぎ感”が出てしまうようです。

手順④「画像調整」の「彩度」で鮮やかさを変更していきます。彩度を引くことはほとんどなく、足す方向で考えます。基本的には「＋10」前後で様子を見ます。「＋20」以上は鮮やかさが強くなりすぎて、かえって不自然になります。

手順⑤「画像調整」の「ハイライト」で、明るい部分（白い部分）を強調していきます。やはり、白はハッキリ白く表現したほうが美しいようです。

手順⑥「画像調整」の「色温度」を検討します。プラス（右方向）だと「暖色気味に」、マイナス（左方向）だと「寒色気味に」なっていきます。好みの問題ですが、一般的には食べ物はプラスに、また静物（ガラス類、小物類、建物など）は若干マイナスにすることが多いです。

手順7 「レンズぼかし」をしていきます。レンズぼかしは、被写体にフォーカスを当てる加工です。まずは、写真の中でフォーカスを当てたい部分に青丸を移動させ、円をピンチ操作（指2本でつまんだり広げたりする操作）して、ぼかしの範囲を決めます。そのうえで右にスワイプすると、ぼかしが強くなります。これも、やりすぎるとあまりにも不自然になりますので、ほどほどがよいでしょう。

手順8 「周辺減光」を検討していきます。周辺減光は読んで字のごとく、被写体の周辺（写真の外側）が暗くなる加工です。周辺減光をすると、逆に、被写体部分は明るく感じられるので、印象深い写真になります。

手順9 最後に「グラマーグロー」を検討していきます。グラマーグローは、Snapseedヘルプページ（https://support.google.com/snapseed/answer/6158226）によれば「柔らかい、華やかな輝きを画像に加えて、夢の中にいるような効果を与えます」とのことです。
わかりやすくいえば、やわらかく、少しだけ煌(きら)びやかで上品な感じが出る加工です。宝飾品や高級な料理などの写真には、このグラマーグロー加工はおすすめです。

なお、Googleビジネスプロフィールのヘルプ「写真のガイドライン」（https://support.google.com/business/answer/6103862）には「大幅な加工や過度のフィルタ使用は避けてください」と書かれています。ですので、**不自然に加工を強くしたり、あまりにも実際とかけ離れた色調、彩度にするのは避けてください。**

最新情報を発信できる「投稿」機能の強み

★「投稿」機能で他店と差をつける

Googleビジネスプロフィールは、店舗の情報を固定的に掲載することだけがすべてではありません。「投稿」という機能を使って、お店の「お知らせ」を発信することもできるのです。中小企業・店舗様がGoogleビジネスプロフィールを活用するとき、もっとも違いが出やすいのは、この「投稿」機能であると思います。筆者の身の回りでGoogleビジネスプロフィールを使い始める事業所様は増えてきましたが、この「投稿」機能を使ったことがない、もしくは知らないという事業所様はまだまだ多いように感じます。だからこそ、この本を手に取った貴店は、ぜひこの「投稿」機能を使って、いや、使い続けていただき、他店と差をつけていただきたいと願っています。

ただし投稿機能はお選びいただくカテゴリによっては使えない場合もあります。ご了承ください。

★投稿は、どこに掲載されるのか？

貴店が投稿を行ったとき、それはどこに掲載されるのでしょうか？もっともシンプルなのは、貴店のビジネス情報の下、電話番号や営業時間などが掲載されている箇所の下です。

ビジネス情報の下方に表示される「投稿」

ユーザーは、投稿された情報を押すと本文全体を読むことができます。

ここでは、「美味しいですよ！」「おすすめです！」のような表現だと平凡な感じになりスルーされてしまうかもしれません。

▶去年や以前と比較して、どうか？
▶お客様の感想は？
▶どんな「メリット」がある？

などを加味して投稿表現を考えてみましょう。詳しくは第4章でご説明します。

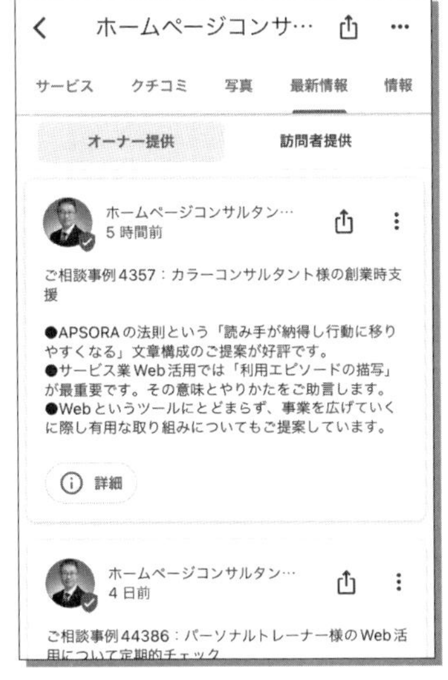

「投稿」を押すと本文全体が表示される

このように、貴店に関心が高いかた、または貴店に類似するビジネスを探しているかたに「投稿」を見せてPRすることができるわけですから、積極的に使っていただきたいと思います。なお、この「投稿」は、パソコンで「貴店名」でGoogle検索したときに右側に出る**「ナレッジパネル」欄にも掲載**されます。

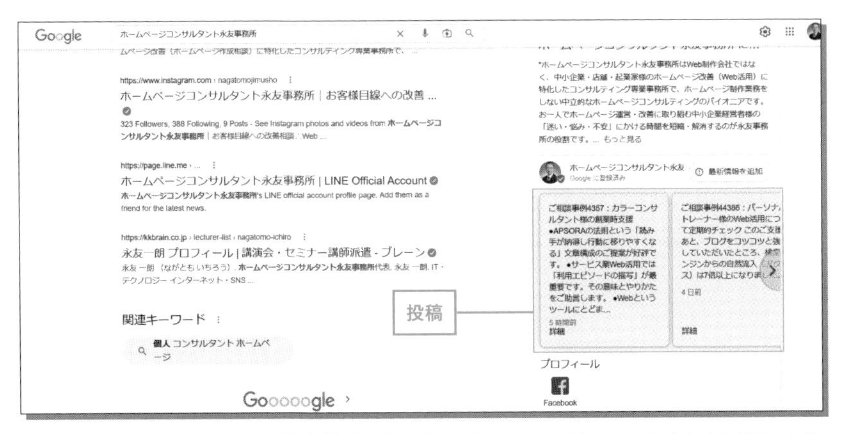

投稿した情報は、Googleで指名検索（P.26）したときの「ナレッジパネル」欄にも掲載される

24 投稿には必ずボタンを設置する

★ ボタンから自社HPなどへ誘導

「投稿」機能を使っていくうえで、必ず実践していただきたいのが「ボタンを追加すること」です。投稿には「詳細」などのボタンをつけてリンクを張ることができます。これはつまり、**自社ホームページやブログなどに誘導できる**ということを意味します。

Web文章の工夫は次の第4章で解説しますが、**「文章の最後で次の行動に誘導する」**ということを強くおすすめいたします。

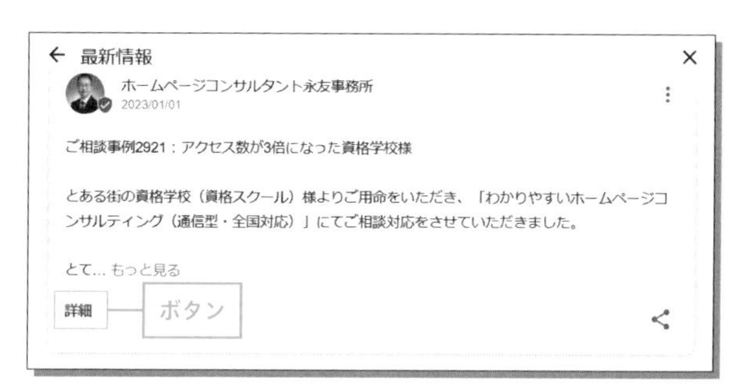

投稿をパソコンで表示したときの画面。文末にはボタンを設置し、次のアクションに誘導するようにしたい

ボタンには、「予約」「オンライン注文」「購入」「詳細」「登録」「今すぐ電話」という6つの種類があります。「今すぐ電話」は、Googleビジネスプロフィールに登録済の電話番号につながるようになっています。その他のボタンは、リンク先のWebページを「ボタンのリンク」という箇所に入力できます。

個人的には「予約」「オンライン注文」「購入」「登録」「今すぐ電話」というボタンはあまりおすすめしていません。それぞれ言葉が強すぎて、例えば「このボタンを押したらすぐ『予約』したことになってしまうのだろうか…」と不安を感じさせる可能性があると思うからです。**むしろマイルドな「詳細」というボタンこそ、“押されやすい”**のかなと思っています。

★ 3種類の投稿の使い分け

なお、ひとくちに「投稿」といっても、投稿には「最新情報」「特典」「イベント」の3種類があります。**基本的には汎用的な「最新情報」を使って投稿**し、特定のイベントを開催したり、特典（クーポンなど）を情報提供したい場合はそれぞれの種類を選択するようにしましょう。

← 特典を追加
特典のタイトル*
（例: 店頭でもオンラインでも 20% オフ）
開始日*
YYYY/MM/DD
終了日*
YYYY/MM/DD
詳細を追加（省略可）
特典の詳細
写真を追加
プレビ

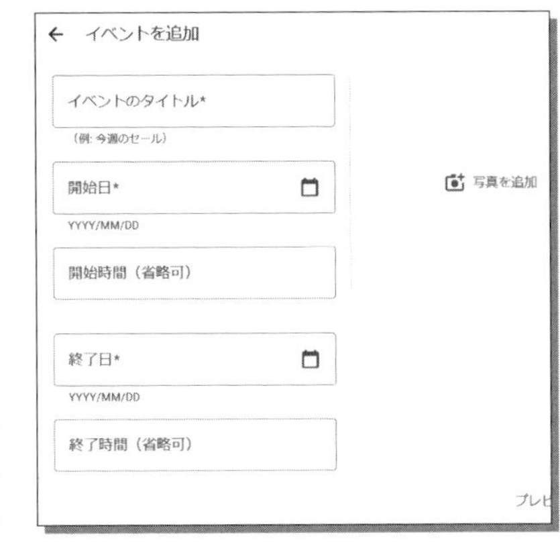

「特典」（左）や「イベント」（右）など、投稿の種類に応じて、設定内容は少しずつ異なる

投稿の種類	概要
最新情報	もっとも汎用的な投稿です。セール情報や新入荷情報、旬な情報に限らず、お店からの「お知らせ」全般で使えます。お店にとって「ささいな」情報でも、新規のお客様には魅力的かもしれません。遠慮せずこまめに投稿しましょう。
特典	特典を提供します。「このスマホ画面を提示してくださったお客様限定」などとすることが多いようです。なお現場での混乱を避けるため、自社のスタッフにも、特典情報を発信している旨をしっかり周知しておきましょう。
イベント	催しについて告知します。イベント投稿を使って、催し以外にも、年末年始休暇やセール期間について告知する店舗様もあります。

それでは次のページから「投稿」を作成する方法を見ていきます。

25 「最新情報」を投稿する方法

★「最新情報」を投稿する

最新情報といっても、「昨日や今日の話題」にしないといけないわけではありません。「先日の出来事」を投稿してもよいのです。また投稿の頻度については、投稿日付があまりにも古いと「最近は元気がないのかな？」などと思われかねないので、できるだけこまめに投稿したいところです。

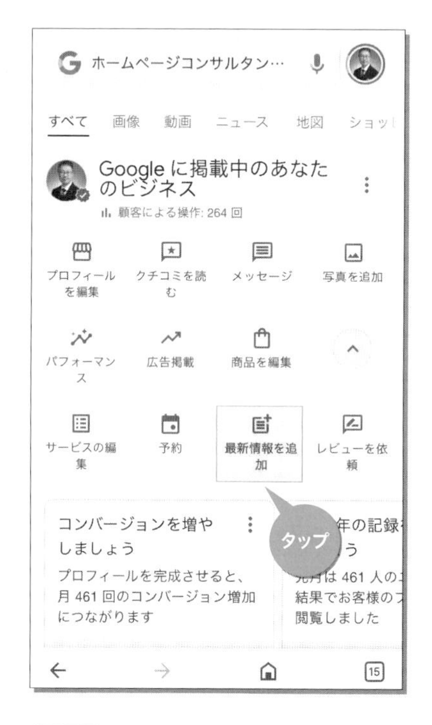

手順① 直接管理画面の「最新情報を追加」ボタンをタップします。

手順② 次に、「最新情報を追加」をタップします。

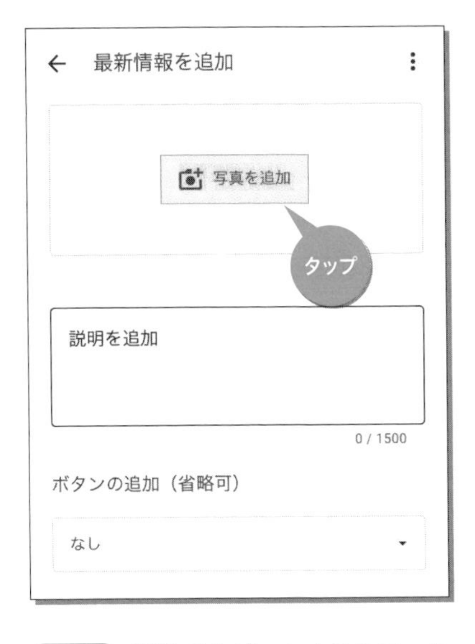

手順③ 任意ですが、カメラのマークをタップすると写真を追加できます。

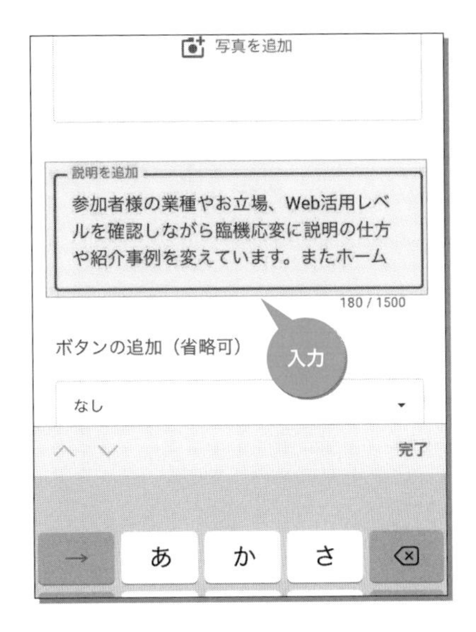

手順④ 次に「説明を追加」という箇所に文章を入力します。1500文字まで入力できます。

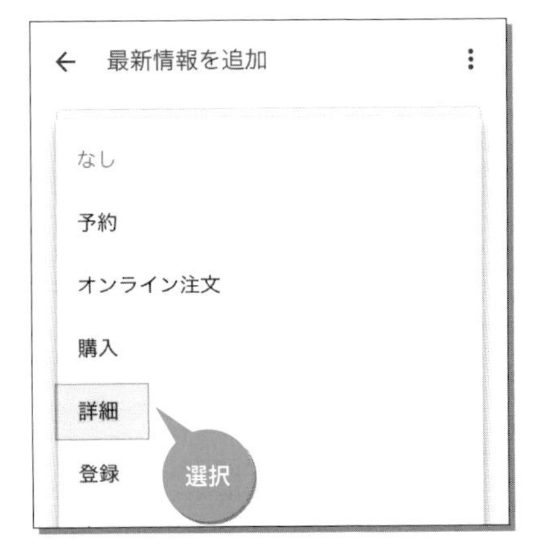

手順⑤ その下部に「ボタンの追加」という箇所があります。ここでボタンを追加し、Googleビジネスプロフィール以外の媒体に積極的にリンクで誘導していきましょう。ここでは一例として「詳細」を選択します。

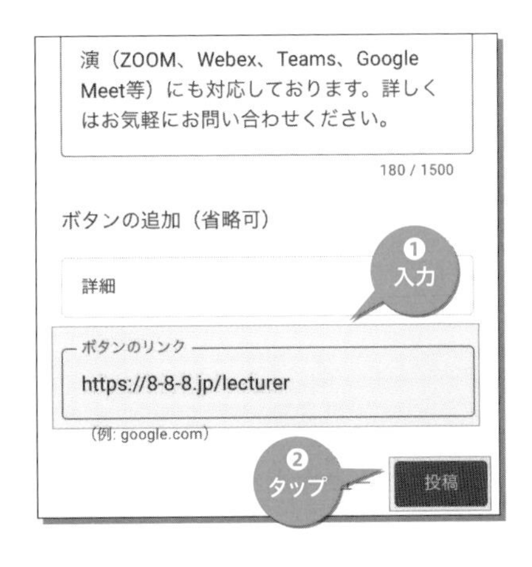

手順⑥ 「ボタンのリンク」という欄に、リンクしたいページのアドレス（URL）を入力します。すべての設定が完了したら、右下の「投稿」をタップすると、作業は完了です。

26 「特典」「イベント」を投稿する方法

★「特典」を投稿する

クーポンなど「特典」を投稿する場合は直接管理画面の「宣伝」ボタンを押し、次に「特典を追加」を押します。「特典」は貴店ビジネスプロフィールの上部付近にも表示されるので目立ちます。「最新情報」との違いは以下の通りです。

- 特典のタイトル、開始日、終了日を入力すること（入力必須）
- 「クーポンコード」「特典利用へのリンク」「利用規約」（いずれも省略可）を記載できること

神奈川県内の、とある街の鍼灸治療院様では、ここで掲載する「クーポン」（初診料割引）を持参するかたが非常に多いとおっしゃっていました。また同じく神奈川県内の、とある街の生花店様では、このクーポン機能で「ホームページ（Googleビジネスプロフィール含む）を見たかたへの特典」として10%オフクーポンを掲示していて、非常に多くのかたがこのクーポンを利用しているとのことでした。これらの実例からも、Googleビジネスプロフィールは我々事業者が想像しているよりも「よく見られている」と考えてよいでしょう。

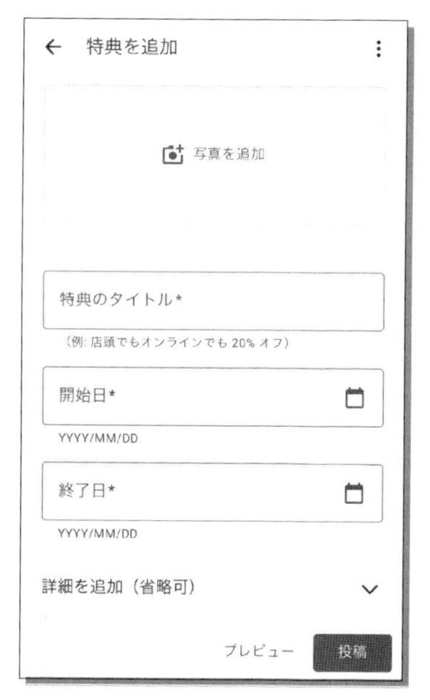

「特典」の投稿画面

★「イベント」を投稿する

イベントを告知する場合は、「イベントを追加」を押します。「最新情報」との違いは以下のようになっています。

- ▶イベントのタイトルと期間を入力すること（入力必須）
- ▶イベントの開始、終了時間を追加できること

イベントというと、大人数で音楽をかけながらワイワイすることをイメージしがちですが、

- ▶セール（売り出し）
- ▶キャンペーン
- ▶特定期間の変則的な営業時間の事前告知

なども、この「イベント」投稿で発信してよいでしょう。

「イベント」の投稿画面

27 投稿がうまくいかないときのチェック

この章でお伝えした「投稿」機能ですが、2022年中ごろからGoogleによる「投稿内容審査」が厳しくなったのか、Googleによって投稿が削除されたり、投稿に載せた写真が承認されなかったりというトラブルが多くなっているようです。

> ⊗ 1つ以上のコンテンツ投稿ポリシーに違反しているため、あなたの投稿は削除されました。
>
> 詳細

投稿が削除されたときの管理画面表示例

★ 削除／不承認のときのチェックポイント

ポリシー違反による削除や、ポリシー違反だと「誤認」されるケースなども散見されますが、**削除や不承認になった場合は以下に該当しないかどうかチェック**してみてください。

画像に関する違反（誤認含む）

▶**背中やつま先など、肌色が多い写真を載せていませんか**

→「禁止および制限されているコンテンツ」の「アダルトコンテンツ」だとみなされる可能性があります。

▶**写真に文字をたくさん載せていませんか**

→「写真と動画の要件」の「重ね合わせるテキストまたは画像」（重ね合わせるコンテンツの面積は画像や動画の10%を超えてはならない）に抵触する可能性があります。

▶ **自社に関連のないイメージ写真を使っていませんか**

→「禁止および制限されているコンテンツ」の「関連性のないコンテンツ」だとみなされる可能性があります。

▶ **「写真」に追加済みの画像を「投稿」にも使っていませんか**

→「禁止および制限されているコンテンツ」の「意味不明なコンテンツ、コンテンツの繰り返し」だとみなされる可能性があります。

文章に関する違反（誤認含む）

▶ **絵文字やハッシュタグを過度に載せていませんか**

→「禁止および制限されているコンテンツ」の「意味不明なコンテンツ、コンテンツの繰り返し」だとみなされる可能性があります。

▶ **投稿の本文に電話番号やURLを直接記載していませんか**

→「禁止および制限されているコンテンツ」の「宣伝と勧誘」だとみなされる可能性があります。

※「詳細」などのボタンからリンクを張ることは認められています。

▶ **「抗酸化作用があります」「お肌がプルプルになります」など薬機法関係の文言を記載していませんか**

→「禁止および制限されているコンテンツ」の「制限されているコンテンツ」だとみなされる可能性があります。

投稿が削除されそうか、写真が不承認になってしまわないかは事前に完璧に判断することは難しいです。また、削除や不承認の理由もGoogleは教えてくれません。削除や不承認になった際は上記や以下の参考ヘルプページをご確認いただき、**次回の投稿では文章や写真を変更することをご検討ください。**

▶ **【参考】禁止および制限されているコンテンツ**

https://support.google.com/contributionpolicy/answer/7400114

▶ **【参考】写真と動画の要件**

https://support.google.com/contributionpolicy/answer/7411351

28 各種予約サービスと連携して予約を受ける

★ グルメサイトの情報が参照されるケース

筆者の住まいの近所に「アンチョビ 湘南藤沢店」様があります。非常に人気の老舗イタリアンレストラン様で、グルメ雑誌などにもよく取り上げられます。ちなみにサバの燻製、パングラタン、ペスカトーレスペシャルビアンコがとても美味しいです。

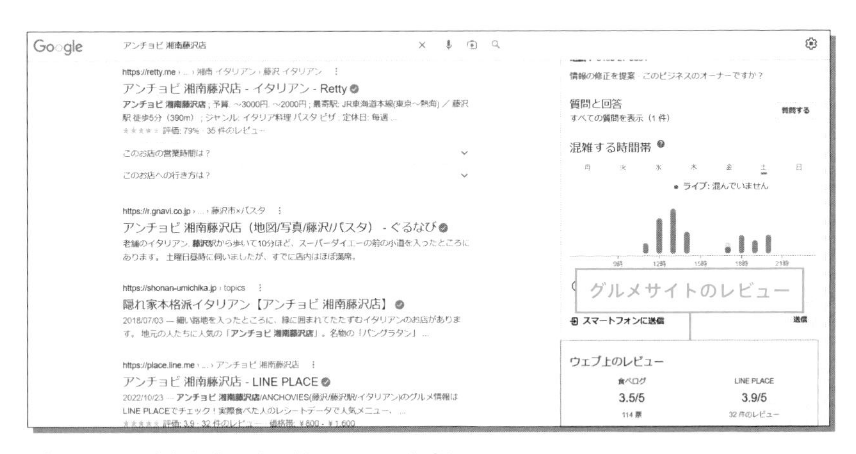

「アンチョビ 湘南藤沢店」様のナレッジパネル

Googleで「アンチョビ 湘南藤沢店」という店名で検索をすると、画面右側に、アンチョビ 湘南藤沢店様のナレッジパネルが出てきます。ここには「食べログ」「LINE PLACE」のレビューも表示されています。これはつまり、Googleが「食べログ」「LINE PLACE」の店舗情報（クチコミ）も参照していることを意味します。GoogleはWeb上の情報も勘案して店舗情報を形成しているわけです。

なお飲食店の場合、Googleビジネスプロフィールは「食べログ」「ぐるなび」「ホットペッパーグルメ」「トレタ」などと業務提携をしており、ユーザーはGoogleビジネスプロフィールの店舗ページからそれら予約サービスを通じて席の予約ができます。筆者の自宅近くにある人気カフェ「484cafe」様のリスティングにも各種予約サービスが表示され、ユーザーは自分が使い慣れた予約サービスを選んで予約を進めることができます。ユーザーの立場からすると「通勤中に電車の中からでも、電話せずに予約できる」などのメリットがあり、飲食店のネット予約はますます増えていくのではないかと感じます。

「484cafe」様の店舗ページで「席を予約」をタップした画面

★ 予約サービスと連携する方法

予約サービスのリンクは自動的に表示されることもありますが、飲食店やフィットネスジムなどの一部業種のかたは、Googleビジネスプロフィールの管理画面に各種予約サービスと連携させる機能があります。直接管理画面の「予約」ボタンから、手動で登録してもよいでしょう。この場合は各予約サービス会社（プロバイダ）との契約が必要になります。

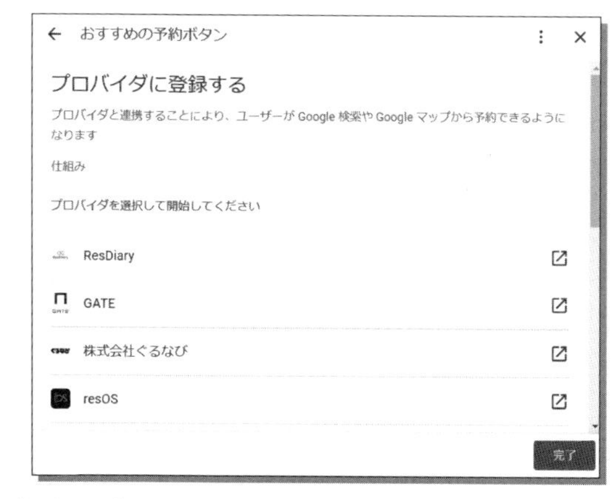

「予約」ボタンから、各種予約サービスとの連携ができる

第1章 Googleビジネスプロフィールの基本と活用戦略
第2章 店舗情報を効果的に掲載する方法
第3章 ライバルに差をつける「攻め」の運用テクニック
第4章 「投稿」機能で活かしたいWebライティング術

29 問い合わせ機能と自動応答を活用する

★ 問い合わせを受けつけるチャット機能

Googleビジネスプロフィールには**スマホユーザーと直接メッセージをやり取りできる機能（チャット機能）もあります。**

スマホの場合は直接管理画面の「顧客」ボタンから「メッセージ」をタップし、「⋮」をタップします。「チャット設定」でチャットをオンにすると、チャット機能が使えるようになります。パソコンの場合は直接管理画面の「メッセージ」ボタンをクリックし「⋮」から同様の操作を行います。

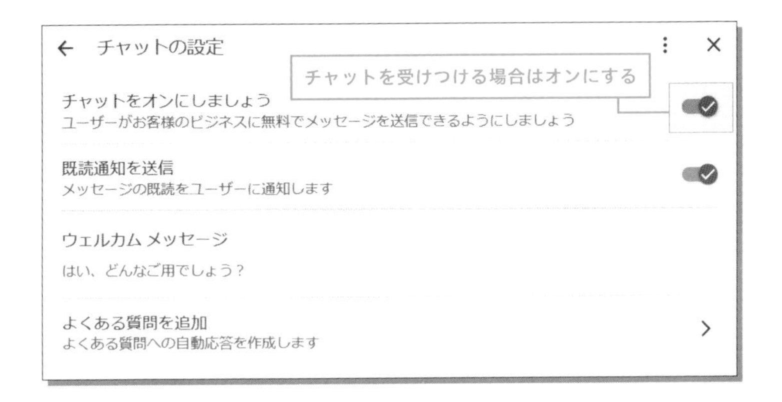

★ 問い合わせには自動応答機能もある

このチャット機能ですが、**よく聞かれそうな典型的な質問とその回答（FAQ）を事前に登録し、それをもって自動応答させる機能もあります。**チャット設定画面の「よくある質問を追加」から質問とその答えを入力し保存します。

この答え（自動応答メッセージ）には、執筆時点では「リンク」を張ることもできるようですので、ホームページ等に誘導することも可能です。

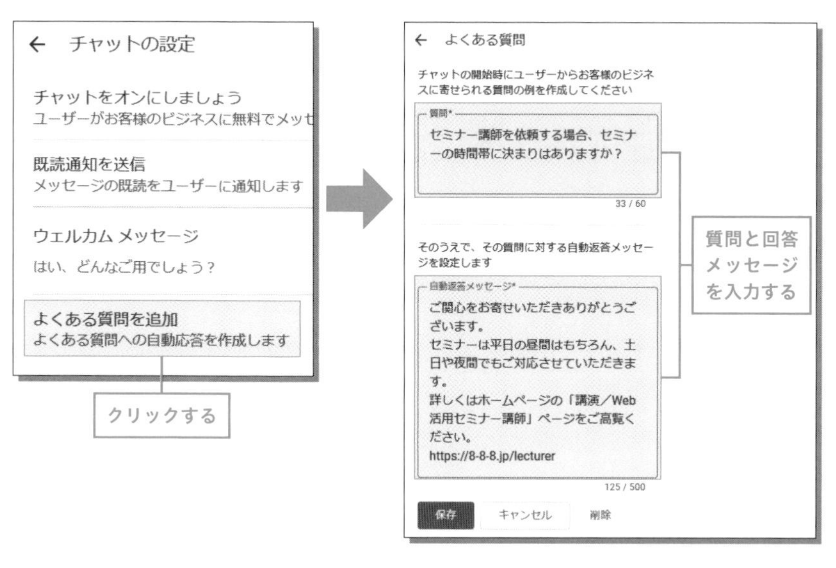

お客様としては、Googleマップアプリでそのお店を見つけたら「チャット」ボタンから質問、問い合わせができます。もちろん問い合わせを自由に入力し送信することもできますが、楕円形の事前登録質問をタップすると、それに対応する「回答」が1～2秒後にすぐに返ってきます。

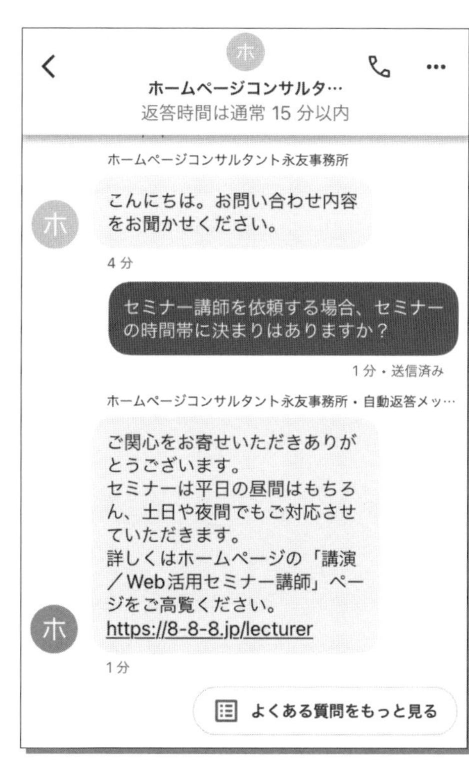

Q&A（質問と回答）はオーナーも利用できる？

ここでお話ししたチャット機能の「自動応答メッセージ」（よくある質問への自動回答）とは別に、似ている機能としてQ&A（質問と回答）というものがあります。Q&A（質問と回答）は直接管理画面にもボタンがあり、またナレッジパネル下部にも表示されます。

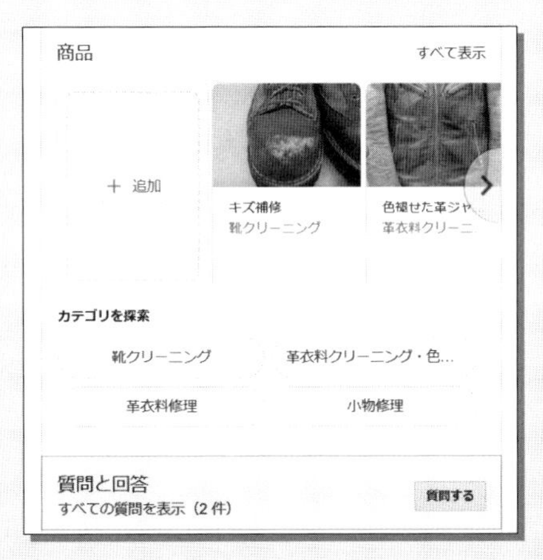

革のクリニック様のナレッジパネルに表示されている「質問と回答」。一般ユーザーからの質問にオーナーが回答している

このQ&A（質問と回答）は本来、一般ユーザーが質問し、一般ユーザーもしくはオーナーが回答する箇所です。オーナーが質問を記載しオーナー自身が回答を記載することもでき、それはガイドライン違反でもありません。しかし、いかにも「自作自演」のような雰囲気になりますので事前想定質問とその回答はチャット機能の「自動応答メッセージ」で行うようにしましょう（参考：https://support.google.com/business/thread/193898822）。

第4章

「投稿」機能で活かしたいWebライティング術

30 お客様目線のWebライティング術

★ 新規客に行動を起こしてもらうために

これまで見てきたように、Googleビジネスプロフィールの「投稿」機能は「お知らせを見ていただき、お客様に行動（直接来店やブログなどへのアクセス）をしていただく」ためのものでした。**では、「投稿」さえすればお客様に行動していただけるのでしょうか？**この点は残念ながら、上手くいくお店とそうでないお店に分かれてくるでしょう。

筆者は20年間、「中小企業Web活用の現場」にいますが、Web活用で上手くいっている中小企業・店舗様は以下の「4つのポイント」を外さず実践できていると考えています。

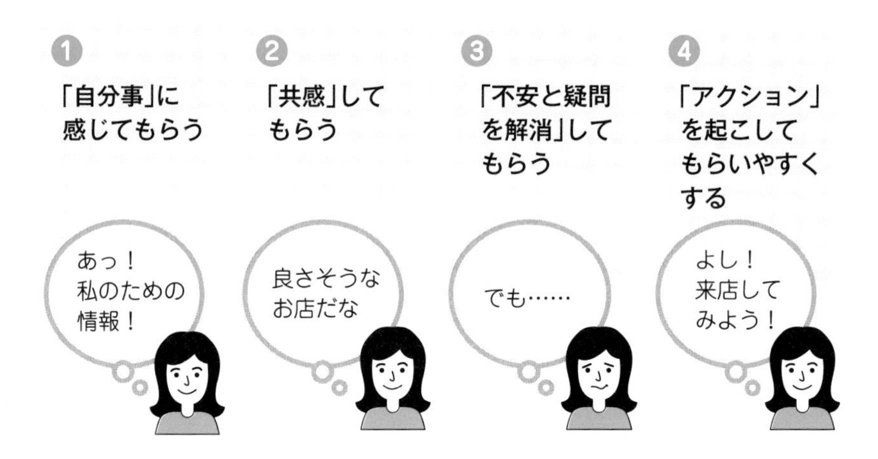

4つのポイントを実践できれば、お客様を「行動」へと導くことができる

せっかく時間と手間をかけて行うGoogleビジネスプロフィール活用ですから、なるべく「成果」につなげたいですよね。ここでは、**新規客にピン！と来ていただくための「Web文章表現のテクニック」**をいくつかご紹介します。

これらのテクニックは、すべてを一つの文章に対して使うのではなく、ご自身で書いた文章にテクニックを追加していけそうならば追加するという使いかたがおすすめです。また、文章表現のテクニックなので、Googleビジネスプロフィール以外の「ホームページ」「ブログ」「SNS投稿」のときにも使えます。難しく考えず読み進めて、そして実際に試してみてください。

お客様目線を養う方法

「お客様目線」の考えかたは、職歴が長い店長様などは得意かもしれませんが、新しく入ったスタッフのかたにとっては簡単ではないかもしれません。ここではお客様目線を養う方法として、2つの取り組みをご提案します。

▶初めて利用したサービスで、感じたことを書き留める

スタッフのかたも、ひとりの消費者という側面があります。「どこかのお店に初めて入った」「あるいは何かのサービスを初めて申し込んだ」というときこそ、「初めてのお客様」が感じる疑問や不安をよく体験できるチャンスといえます。

ところで「ミニランドセル」という商品（サービス）をご存知でしょうか？これは、使ったランドセルを分解してミニサイズのランドセルにリメイクし、思い出の品にしてくれるという素敵な商品です。例えばですが、「ミニランドセル」で検索して、出てくる数社のホームページを見比べてみてください。ご自身がどんなところで「この会社に依頼したいな」「この会社に依頼するのはちょっと…」と判断したか、それを書き留めてみると面白いと思います。

▶お客様が使う「言葉」に注目する

お客様が使う言葉と、お店（売り手）が使う言葉が違うことはよくあります。お客様はなぜその言葉を使うのか？誤解なのか？まだ知識がないのか？など、「使っている言葉」を起点にお客様に想いを馳せてみましょう。こちらも、お客様目線を養うためのよい訓練となります。

31 「自分事」にしてもらうためのテクニック

★ PR対象者を2段階以上に絞って伝える

まずご提案したいのは、「自分のこと！と感じさせるためにPR対象を少なくとも2段階以上に絞る」という考えかたです。ネットユーザーは忙しく、テキパキと情報収集をしているので「自分に関係なさそう」と感じる情報には目もくれません。だからこそ、「他でもない、あなた宛ての話ですよ」ということを、情報発信の冒頭や本文中で伝える必要があります。貴社は、どのようなお客様に利用されていますか？どんなお客様に来店いただきたいでしょうか？「全国の皆さん」などの大まかなPRではなく、

▶○○するときに▲▲なかたへ
▶○○したい、でも▲▲なかたへ
▶○○、かつ▲▲なかたへ

など、「少なくとも2段階以上に絞ってPRする」ことをおすすめします。Googleビジネスプロフィールでは「投稿」の最初の文などにおすすめです。

【悪い例】

▶ハッピー・エンジョイライフ
▶私らしい、住まい。

【1段階の例】

▶浴室リフォーム①をお考えのかたへ

【2段階以上の例】

▶マンション浴室①を冬時期に交換②したいかたへ
▶液晶テレビ①に保護パネル②をつけたい…でも「引っ掛けるだけ」③では不安なかたへ

★ 読ませる文章構成「APSORAの法則」を意識する

「APSORA（アプソラ）の法則」は筆者がコンサルティング実務でよくご提案している、「誰でも理解しやすく、納得しやすい文章の流れ」のことです。なんとなくダラダラと書いてしまっては、苦労して書いた文章でも最後まで読んでもらえません。ページ最上部から最下部に向かって、「流れ」に沿った文章を書いていきましょう。

A:Address　呼びかける
- ○○するときに▲▲なかたへ
- ○○したい、でも▲▲なかたへ
- ○○、かつ▲▲なかたへ　など

P:Problem　問題に気づかせる
- ××にお困りではありませんか？
- ××をお探しではありませんか？
- 急いで▲▲したい！とお考えですか？　など

SO:Solution　解決策と根拠を示す
- あなたは▲▲できます
- 当社の○○(ならでは感)により、××できます　など

R:Relieve　安心させる
- お客様の声
- Q&A
- 返金保証
- 定期購入でも一時休止制度があることを示す
- 生産者の紹介
- スタッフの紹介
- 連絡先の明記　など

A:Action　行動を呼びかける
- 具体的な行動を呼びかける(無料相談会、資料請求など)
- メールだけではなく電話での連絡も受け付ける　など

APSORAの法則を使った例文をご紹介します。イメージとしては、

▶限定的に訴えて、
▶読むべき情報だと認識してもらい、
▶貴店のウリをPRし、
▶迷っているかたの後押しをして、
▶最後に明確に誘導する

という文章構成です。

【悪い例】

当店の靴磨きサービスは本当におすすめ！ぜひ皆さんに体験してもらいたいです。スタッフ一同笑顔でお迎えいたします。どうぞよろしくお願い致します！！

【良い例】

《一番気に入っている革靴…お手入れしたいけど、自己流で失敗したくないかたへ》

一番高かった革靴…きちんとお手入れする方法をお探しではありませんか？

藤沢市の靴磨き専門店「湘南シューシャイン・クリニック」では靴の状態によってクリームとブラシを使い分け、ご自身では気づきづらい爪先・コバもしっかりお手入れ。きれいになるだけでなく長持ちにもつながります。
経営者様やファッション関係者様にも「やっと見つけたプロのお店」とのご評価をいただきます。次の連休では初心者向けシューシャイン体験会を実施します。すでにご予約もいただいていますので、空きがあるかどうか、お電話でお問い合わせくださいませ。体験会はホームページにてご案内しています。
(詳細)

32 「共感」してもらうためのテクニック　内容編

★「想い」を書いて共感を促す

生産者や加工者など、商品に関わる人のパーソナリティや仕事にかける考えかた、実直な姿勢、気持ちなど、感情や情熱が伝わる文章はネットユーザーを動かすものです。**「想い」を素直に、文章の中に入れ込みましょう**。また、「お客様の喜び」を伝え、スタッフもそれを喜んでいるという姿を伝える投稿は「共感」を促すことができます。

Webの情報を見ている側も発信する側も「生身の人間」です。「嬉しかった」「ホッとした」「楽しかった」「役に立てて良かった」などの「感情」を入れることで、Web情報は各段に活き活きします。このあたりはお店での接客と似ていると思います。目の前のお客様に語りかけるイメージで発信するようにしましょう。

【悪い例】

この夏、一押しの自家焙煎珈琲豆。超おすすめ！！

【良い例】

「やっと見つけた味」「藤沢でこの味に出会えるとは…！」と昨年大好評だったパナマゲイシャ種の珈琲豆が「やっと」再入荷です！一粒ずつハンドピックし焙煎と乾燥時間を他品種とまったく変えています。この味を再び提供できる！私もスタッフのジュンも半年待ちました〜。焙煎後3日目以降にさらに美味しくなるので、本来定休日の月曜日に午後だけお店を開けます！来年まで待てないかたはぜひ月曜日にお越しください！

★ 理由（根拠）を伝える

商品を紹介するときの定番として、「おすすめ」「お早めに」などの表現があります。しかし「おすすめ」といった主観的な表現だけでは、ユーザーは「なぜ？」と疑問を感じてしまい、「共感」してもらえる可能性は低いと思います。

ユーザーに「なるほど！」と腑に落としていただくためには、「理由をセットで述べる」ことが大切です。理由、つまり客観的な根拠を伝えることでメッセージ全体の納得感が増し、「共感」を促すことができます。「おすすめ」「お早めに」と伝えたいときには、ぜひ、理由をセットで述べるクセをつけてください。

【悪い例】

おすすめのダレスバッグが入荷しました。

【良い例】

装飾を限りなくシンプルにしたので、フレッシュなビジネスパーソンにも無理なくお持ちいただけるダレスバッグです。従来品より内側のマチを広くしたので、ノートパソコンやタブレットとともに厚手の手帳もスッキリ収納できます。革問屋さんに無理を言って工面していただきましたので、申し訳ございませんが限定4点のご用意です。

投稿をこまめに運用するためのコツ

一つのトピックを「事前告知」「当日」「後日談」に分ければ、3回分の投稿にすることができます。例えば上記例文の場合、「ダレスバッグのご用意を進めています」「いよいよダレスバッグが入荷しました」「先日お知らせしたダレスバッグは人気につきご予約でいっぱいになりました」などです。「一つの投稿ネタを分割する」という切り口は、Googleビジネスプロフィールの投稿に限らずSNS投稿やブログなどを継続運用していくためにおすすめの考えかたです。

33 「共感」してもらうためのテクニック　表現編

★ オノマトペ(擬音語・擬態語)で五感に訴える

貴店の表現では五感（視・聴・嗅・味・触）に訴えることを意識していますか？オノマトペ（擬音語・擬態語）は、ものごとを具体的にイメージしやすくするおすすめの表現です。このとき、できる限り多くの「感覚」を含めると、お客様はイメージしやすいはずです。ぜひ、使ってみてください。

【悪い例】

当店自慢の唐揚げをぜひお試しください。

【良い例】

持った瞬間にサクッ！。下味の薄口醤油と生姜は板長の出身、高知特産。うま味がふわっと香るのは新鮮な地鶏だから。すだちをギュッと絞ってどうぞ。

★ 主語を「あなた」にして「●●できる」と書く

「文章の主語を『あなた』にする」ことも「共感」を促すテクニックです。多くの中小企業・店舗様は、情報発信をするときに、

▶当店は…
▶当社は…
▶この商品は…

など、「自社目線」の発信になりがちです。しかしネットユーザー（＝潜在顧客）は、いきなり「当社のウリは…」などといわれても「他人事」にしか感じてく

れません。そこで、「あなた（＝読んでくれている人）」を主語にして文章を作成することで、“響く”文章表現にすることが狙いです。また、主語を「あなた」にすると自然に、

- ▶（あなたは）●●できます
- ▶（あなたは）●●がお楽しみいただけます
- ▶（あなたは）●●がお選びいただけます

など、「●●できる」という文末になります。これによって、「ああ、私の場合は●●ができるのね」というようにイメージが湧きやすくなる効果もあります。「あなたは」という平仮名4文字は省略してもよいですが、いずれにしても、「当店は」「この商品は」ではなく、読者を主語として文章を作成する工夫をしていきましょう。

【悪い例】

当社のクリーニングはここがすごいんです！

【良い例】

お預かりしたお召し物を“洗ってから”保管するので、「汚れたまま長期保管し納品直前に洗う」お店とは違います。お届け後に「清潔で」「風合いと新調感ある」お洋服をお召しいただけます。保管サービスは店頭渡しと宅配がお選びいただけます。

★ 誰がどんなふうに使っているのか「エピソード」を書く

Web発信で「エピソードを書く」ことは、非常に重要なポイントなので、しっかりご説明させてください。いま我々は、

- ▶人口が増えることが容易に想像できない（消費者の数自体、大きく増える見込みがたたない）
- ▶モノやサービスが溢れている

▶好況が訪れる見通しは容易ではない

という、いってしまえば「商売がラクではない」状況に直面していると思います。そんな中で「売上を上げていく」ためには、さまざまな方策・考えかたがあるとは思いますが、

▶今まで「自分向け」だと気づいていなかったかたに、「自分向け」だと気づいていただく

ことが何より重要ではないかと、筆者は考えています。

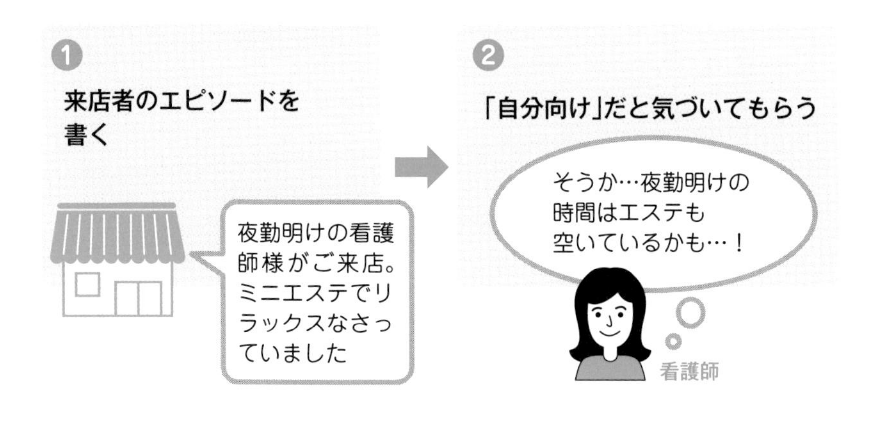

この「気づいていただく」ためには、「自分と同じようなお客さんが来店しているんだ（利用しているんだ）」ということを理解していただくのが、もっとも効果的であり、合理的であると思います。Web発信で「エピソードを書く」ことがなぜ重要か。それは、**「あなたと同じようなお客様がすでに当店を利用していますよ」と書くことで、「自分も行ってよかったお店なのか」と気づいてもらい（誤解を解いてもらい）、「新規来店の敷居を下げる狙い」があるから**です。

ある化粧品屋様では、「このようなかたが来店されました」という趣旨の投稿を継続したところ、従来に比べ、化粧品の売上とエステの売上が1.5倍になったそうです。また、ある老舗小売店様では、「このようなオーダーがあったので頑張って作っているところです」という趣旨の投稿を継続したところ、投稿を見たという新規来店が増えたとのことです。以下のヒントを参考に、ぜひ、

貴店だけのエピソードを投稿していただきたいと思います。

客層を描写する

▶年齢はどうか？
▶性別はどうか？
▶住まいはどうか？（近いのか、遠くから来ているのか？）
▶個人なのか？グループなのか？

利用シーンを描写する

▶どういう「生活スタイルの変化」で来店したのか？
▶どういう「イベント」（年間行事）で来店したのか？
▶どういう「トラブル」で来店したのか？
▶どこで出会ったから（どういうご縁で）来店したのか？

課題を描写する

▶どういう「悩み」で来店したのか？
▶どういう「不安」で来店したのか？

利用度合を描写する

▶どれくらいの「頻度」で来店しているのか？
▶どれくらいの「滞在時間」か？

感想を描写する

▶お客様はどんな感想を言ったか？

★ 一般論ではなく、できるだけ具体的に描く

お客様が「自分のこと」として捉えやすくするためには、一般論ではなく、**「描写を現実的にする」**ことをご提案します。より具体的な内容を書くようにしましょう。

【悪い例】

空きがあれば随時ご案内します。ぜひお気軽にお問い合わせください。

【良い例】

明日は18時から空きがありますので、お仕事帰りにお立ち寄りいただけます。施術中は電話に出られないこともありますので、LINEかInstagramのメッセージにてお問い合わせください。

★ 共感を覚えるような言い回しを使う

ハッとする表現、グサッとくる表現を使うことで、ネットユーザーの注目をひく考えかたです。これは、「言い当て」「混乱の指摘」「無変化の指摘」「リセット願望」「損／得の訴求」の5つに分類できます。以下の具体例に限らず、ご自身が消費者として「ハッとした」表現をメモしておくと、Web発信のときに役立ちます。実際に使ってみて、お客様の反応を確かめていきましょう。

表現の分類	表現の具体例
言い当て	・～というのが正直な気持ちではないでしょうか？ ・自分の問題にはなかなか気づきませんよね
混乱の指摘	・どうすればよいのかわからない ・何をすればよいのかわからない ・どうやって選べばよいかわからない
無変化の指摘	・～と思い込んでいませんか？ ・～を買うのはまだ先と思っていませんか？ ・～のやりかたはそのままでよいのか、考えたことがあったでしょうか？
リセット願望	・学び直しをしませんか？
損／得の訴求	・結果的に高くつきます ・長持ちします

「不安と疑問を解消」してもらうためのテクニック

★ 不安と疑問を解消する

▶数ある中でこの投稿、情報発信に出会った。
▶自分向けの商品であることはわかった。
▶良さそうなお店、商品であることはわかった。

でも、来店や問い合わせにつながらないとしたら、「いまいち不安や疑問が解消されていない」からではないでしょうか？ネットの向こう側のお客様は、「本当にこのお店で大丈夫かなあ」と不安や疑問でいっぱいです。だからこそ、**不安と疑問に答える内容をきちんと伝えることで、「来店」「問い合わせ」などの具体的行動に移ってもらいやすくしましょう。**

不安や疑問を解消するのは、「買わない理由」を減らし、きちんと行動してもらうための戦術です。例えば、以下のような「不安・疑問を解消する」情報を投稿するのはいかがでしょうか？

信用に関する不安／疑問

1、事業所の信用に関する不安／疑問
▶社歴は？事業所規模は？
▶連絡先は？
▶資格／登録は？
▶どんな人が対応するの？
2、商品やサービスの信用に関する不安／疑問
▶本物なの？その証拠は？
▶安全なの？その証拠は？
▶良いこと言ってるけど、裏があるんじゃないの？どんなつもりで商売しているの？

普遍性に関する不安／疑問

▶どれくらい多くの人に利用されているの？
▶他の利用者はどう言っているの？

配送や納品に関する不安／疑問

▶今、注文するといつ届くの？
▶荷姿はどうなっているの？

契約に関する不安／疑問

▶私はまず何をすればよいの？
▶どうやって連絡すればよいの？
▶契約にどれくらいの時間がかかるの？
▶依頼からサービス完了までの全体像はどうなっているの？
▶買い手が準備することは何かあるの？
▶契約にアレンジは利くの？試用はできるの？
▶キャンセル規定はどうなっているの？
▶料金には何が含まれている？表示料金以外の費用は？
▶結局どのプラン（セット）が一番私にふさわしいの？
▶何ができて何ができないの？
▶支払方法はどうなっているの？

使用に関する不安／疑問

▶それは、自分でも（誰でも）簡単に使いこなせるの？
▶それは、どんな場合に（どんなシーンで）使うの？
▶それは、誰がどんなきっかけで使うの？
▶その商品を使うことで他に留意することはないの？（注意点、副作用など）

保守に関する不安／疑問

▶サービス終了後（納品後）のアフターケアはどうする？

35 「アクション」を起こしてもらうためのテクニック

★ 文末で誘う／してほしいアクションをはっきりさせる

「文末での誘い」というポイントは、コンサルティング実務でもたびたびご提案するお話です。これは、「したほうがよい」というより、「必ず実践すべき」といえるほど重要です。

これまで20年間、中小企業・店舗様のWeb運営の現場を見てきた者として、**「文末での誘い」が足りないなと感じることが多い**です。Webでの情報発信は、スマホで見てもパソコンで見ても縦長です。読み進めて目線が文章の「最後」に至っているとすれば、それはある程度「熱心に」読んでくれたということになります。途中でページを閉じる選択がありながらも最後まで読んでくれたわけですから、そのかたたちはやはり「熱心な」ユーザーと考えてよいでしょう。

その「熱心な読者」が見てくれる箇所、すなわち**「文末」で、唐突に説明が終了してしまうことは非常にもったいない**ことです。商談や接客の場合でも、話の最後には必ず何らかの「クロージング」を入れますよね。ですからWeb発信も同様に、**文末で必ず「クロージング」を入れる**べきなのです。Web発信におけるクロージングは必ずしも、購入を促すなどの直接的な内容でなくても構いません。

- **連絡先を載せる**
- **関連するページをさらに見てもらう（リンクを張る）**

というソフトなクロージングもあり得ます。貴店のWeb発信では文末で「誘い」があるかどうか、改めて確認してみてください。

★「次」を見る動機を与える

では、Googleビジネスプロフィールの投稿で「詳細」というボタンをつけたときに、どのような「誘い」をすると効果的でしょうか？ひとことでいえば

「詳細ボタンを押して次を見ると、もっと良いことが起こる」ことを伝えることに他なりません。例えば以下のような誘いが有効です。

【例1】次も読んで1セットの情報であることを伝える

当店ホームページにて応募要領を発表しています。
(詳細)

【例2】コツやノウハウなど、読んで得する情報があることを伝える

当店ブログでは、ここでご紹介した以外の「自宅で簡単にできるネイルケア」のコツをあと6つご紹介しています。
(詳細)

ボタンからネットショップへ誘導

「投稿」機能のボタンを使うと、自社ホームページやブログだけでなくネットショップにリンクすることもできます。すでにネットショップをお持ちであれば、「投稿」からネットショップに誘導することもおすすめです。

また、ネットショップ作成サービスを使えば、誰でもかんたんにネットショップを始めることができます。サービスの一例として、「BASE」(ベイス) があります。すでに190万店舗以上が利用しているとのことで、筆者のクライアント様も多数利用しています。

例えば神奈川県小田原市の「香実園 いしづか」様はBASEを使って湘南ゴールド (香りのよい柑橘類)、みかん、下中たまねぎなどを販売しています。売れすぎてしまって売り切れになることが多いようです。

開設自体の費用は無料ですので、試しにネットショップ開設を検討してみてもよいでしょう。

COLUMN 4
「お店の特徴を表す言葉」を繰り返し伝える

▶ **特定の言葉を繰り返し伝えることで、いつの間にかそれがお店の特徴を表す言葉になっていく**

Webでは特に、その傾向が強いと感じます。個人的な例で恐縮ですが、筆者は開業当初から「わかりやすいホームページ相談」という言葉を繰り返し発信してきました。それまで見聞きしたWeb関係者の話がとてもわかりづらかったので、自分は「わかりやすいこと」を軸にしようと考えたからです。

ホームページ、ブログ、SNS、名刺、セミナーの資料、自己紹介などで「わかりやすい」という言葉を多用していった結果、「わかりやすい」という評価が非常に多くなり、またクライアント様からご紹介があるときも「わかりやすい先生だと評判を聞きました」という声が多くなりました。

Googleビジネスプロフィールで情報発信する際にも、この視点が大事だと思います。なにより、Googleビジネスプロフィールには「クチコミ」がありますから、お客様の評判は言葉になって積み重なっていくのです。「お店の特徴を表す言葉」、「お店の特徴として使ってほしい言葉」を繰り返し伝えることで、貴店はまさにその言葉通りの評判になっていくのではないでしょうか。

また、Googleビジネスプロフィールではクチコミに具体的なキーワードが多いほどお客様の目に触れられやすくなり、有利になります。そしてクチコミに書かれた言葉も「検索対象」になります。ただし、「●●という言葉を入れてクチコミを書いてください」と直接依頼するのはガイドライン違反ですので、「いかにお客様が自然にその言葉を思い出し、クチコミに書いてもらうか」という観点が重要です。このことからも、

▶ **接客時に伝える**
▶ **メニュー表や店内POP、チラシや看板などに書いておく**

などのWeb以外の方法も含めて、「お店の特徴を表す言葉を繰り返し伝える」ことはとても重要といえます。

第5章

お店の印象を良くするクチコミ返信術

36 効果絶大!クチコミを重要視する理由とは?

お客様はどれくらい「クチコミ」に影響を受けるのでしょうか。2016年の調査がありますのでご紹介しましょう。次ページを参照してください。

ここで示されているのは、**レビューをある程度参考にする人が過半数**いて、**クチコミが飲食店の決定や商品購入につながったことのある人が8割強**いるという事実です。もはや「クチコミ」の存在や影響を踏まえず店舗運営をするのは不自然といえるでしょう。

「クチコミの数」、そして「評価」の状況は、Googleマップなどの検索結果の画面にしっかりと表示されます。Googleビジネスプロフィール活用ではローカル検索でいかに上位に食い込むかということに注目されがちですが、いわゆる「Googleマップでの上位」に位置したとしても、**「クチコミがない、もしくは評価が低い」という状況ではクリックしてもらいにくい**ものと思います。**「クチコミの数が多く、評価が高い」という状態を目指していきましょう。**

×× 整体院 5.0★★★★★(8) 整体・東京都○○区○○1-2-3 営業中・営業終了時間 19:30
カイロプラクティック△△ 4.2★★★★☆(11) 整体・東京都○○区○○ 4-56 営業中・営業終了時間 20:00
○○治療院 **クチコミはありません** 整体・東京都○○区○○7-8 営業中・営業終了時間 20:00

「市町村名+整体」で検索したときのイメージ図。3番目の店舗を優先的にクリックするユーザーはほとんどいないはず

買い物をする際にレビューをどの程度参考にするのかを尋ねた。どの年代でも「かなり参考にする」、「まあ参考にする」を合わせると6割強となり、過半数がレビューをある程度参考にしていることがわかる。年代が低いほど「かなり参考にする」の割合が高く、若者ほどレビューを参考にして買い物をしている傾向がうかがえる。

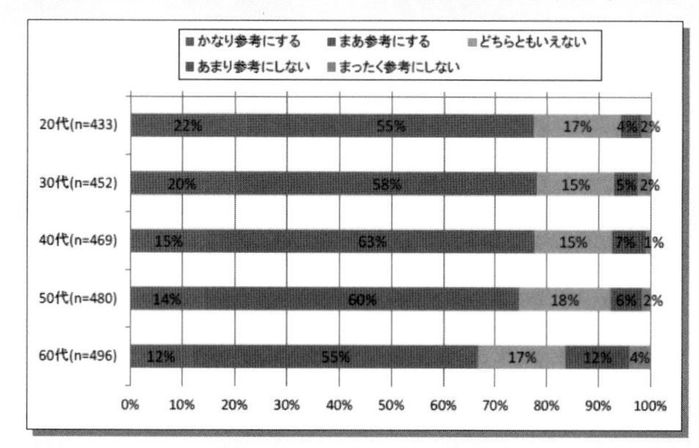

口コミを読んだことで飲食店・旅行先の決定や商品購入につながった経験があるかどうかを尋ねた。どの年代でも「何度もある（5回以上）」、「何回かある（5回未満）」を合わせると8割強となり大部分の人がそのような経験があることがわかる。「何度もある（5回以上）」の割合は年代が低いほど高い傾向がみられた。

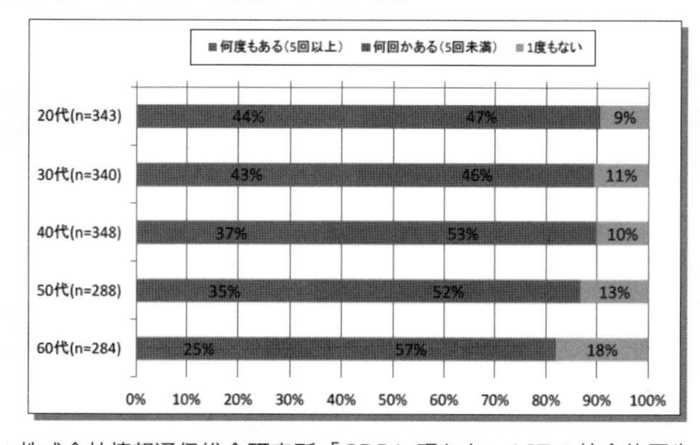

出典：株式会社情報通信総合研究所「GDPに現れないICTの社会的厚生への貢献に関する調査研究　報告書」（2016年3月／http://www.soumu.go.jp/johotsusintokei/linkdata/h28_04_houkoku.pdf）

37 クチコミの数を増やす方法

クチコミは特に飲食店様や有名観光拠点様であれば自然に増えていくと思いますが、そうでなければ積極的に「クチコミが増えるように仕掛ける」ことも大切です。クチコミが多いと「利用者が多いんだな」「経験豊かなのかな」「多くのお客さんから支持されているのかな。間違いない（外れない）お店なのかな」という印象になるからです。以下のような方法で、クチコミが増えていくように心掛けましょう。

★ 接客中に直接クチコミをお願いする

クチコミが順調に集まっている店舗様にお話をうかがうと、「接客中に直接、クチコミを依頼しています」というお声が多いです。Googleマップでクチコミを書けるのはGoogleアカウントを持つユーザーのみになりますが、「接客時にGoogleアカウントのログイン方法を説明してあげる」というお店様まであります。特に化粧品店様や施術系のお店様などカウンセリングを重視するような店舗様においては、その「ログインなどを手伝ってあげる」「スマホの操作を教えてあげる」という行為そのものがお客様とのコミュニケーションの一環になっているようです。

もちろん接客中にそのような声がけが難しい場合もあるでしょう。そのときはビジネス情報のURLを「QRコード」にすることで、クチコミ画面にアクセスしやすくしましょう。QRコードをレジ横に掲示したり、ショップカードやPOPに印刷しておけば、お客様はそこからクチコミを投稿しやすくなります。

Googleビジネスプロフィールのヘルプ「Googleユーザーにクチコミを投稿してもらう」の「ベストプラクティスを活用してクチコミを増やす」という項目（https://support.google.com/business/answer/3474122）でも、特に重要な指針は「クチコミに投稿するよう顧客を促す」というものです。お客様にクチコミの投稿を依頼することは極めて単刀直入な方法ですが、クチコミを増やすもっとも確実な方法ともいえます。

店舗ページのQRコードを作成する

手順① まずはパソコンでGoogleマップを開き、検索などで貴店を表示しましょう。「共有」という丸いボタンをクリックします。

手順②「リンクをコピー」をクリックすると、店舗ページのリンクをコピーできます。「クリップボードにコピーしました」という案内が出たら、パネル右上の「×」をクリックしてパネルを閉じます。

手順③ 次にブラウザのアドレスバーに「QRのススメ」のホームページアドレス「https://qr.quel.jp/」を入力してアクセスします。「QRのススメ」は、自分用のQRコードを無料で簡単に作成できるサービスで筆者も愛用しています。

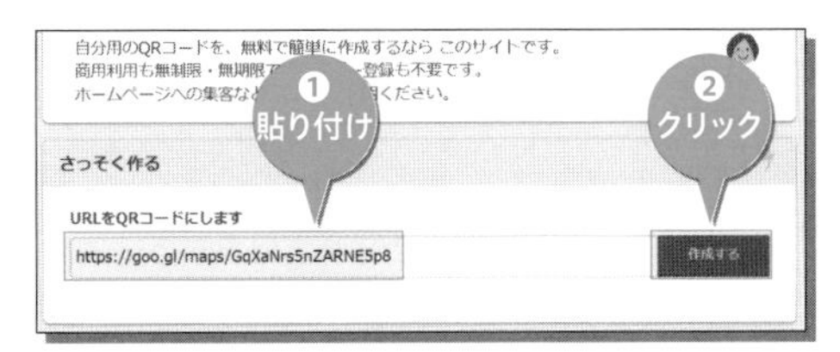

手順④ ページ中央にある「さっそく作る」の欄に先ほどコピーしたURLを貼り付け、「作成する」をクリックします。

手順❺ サイズや画像形式を選び、「ダウンロードする」をクリックします。画像形式は汎用的な「PNG」（ピング）か「JPEG」（ジェイペグ）にしましょう。
あっという間にパソコンにQRコード画像がダウンロードできたことと思います。適宜、印刷物等に入れてクチコミを募りましょう。

★ 既存客にクチコミをお願いする

既存客様にクチコミをお願いすることも、クチコミを増やすための有力な方法です。**メール、メッセージ、DMハガキなどの手段で連絡を取るタイミング**で「Googleマップの当店ページでクチコミをお願いしたい」旨を率直に頼んでみましょう。

メールやメッセージでクチコミを依頼する

手順❶ 直接管理画面の「クチコミを増やす」というパネルを押します。もし「クチコミを増やす」というパネルがなければ「レビューを依頼」ボタンを押します。

手順❷ メールやメッセージ、LINEなど、どの手段で依頼するかを選び、そのアイコンを押します。

手順❸ 例えばGmailの場合はこのような画面になります。送信先を入力し、適宜あいさつや依頼文を書いて送信します。

ただし、特典の提供はNG

なお、Googleビジネスプロフィールのヘルプページには、「クチコミの見返りに特典を提供するなどの行為をしてはいけません」と書かれていますので注意してください（https://support.google.com/business/answer/3474122）。例えば**「クチコミを書いてくださったら今日から使える500円オフのクーポンを差し上げます」などの勧誘は不可**となります。また、利害関係者（経営者本人、スタッフ、家族など）からのクチコミ投稿もガイドライン違反となります。

クチコミに「返信」して信頼を積み重ねる

★ クチコミに返信することの効果

さて、「お客様側から書かれたクチコミ」の影響は大きく、その数やスコア（平均点）も店舗集客に大きく影響しそうですが、「クチコミへの店舗側からの返信」については、お客様はどのように考えているのでしょうか。少々古いデータですが、示唆的な調査ですのでご紹介します。

- 口コミに対するホテルの管理者からの返信を見ると、宿泊客を大事にしているという印象を受ける（77%）
- 管理者からの返信がない同レベルのホテルに比べて、管理者からの返信があるホテルを予約することが多い（62%）

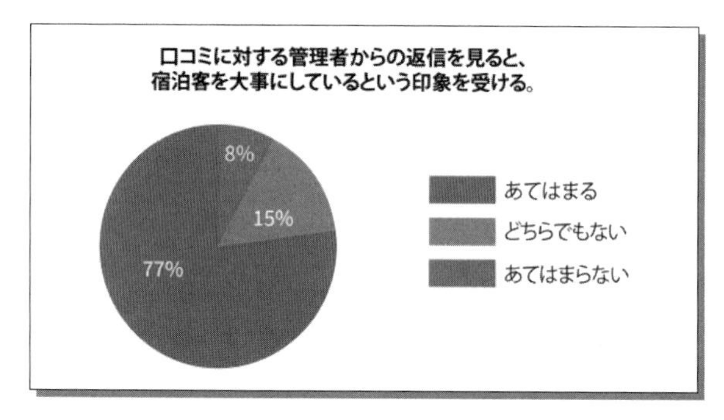

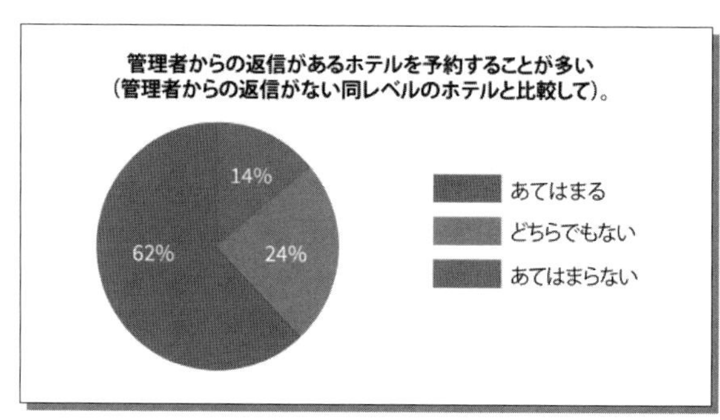

▶否定的な口コミに対して攻撃的/自己弁護的な返信をしたホテルを予約する可能性は低い（70%）

▶否定的な口コミに対して管理者から適切な返信が行われると、ホテルの印象が良くなる（87%）

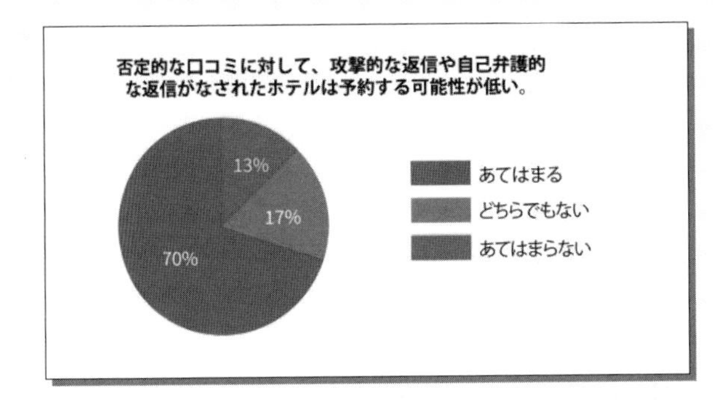

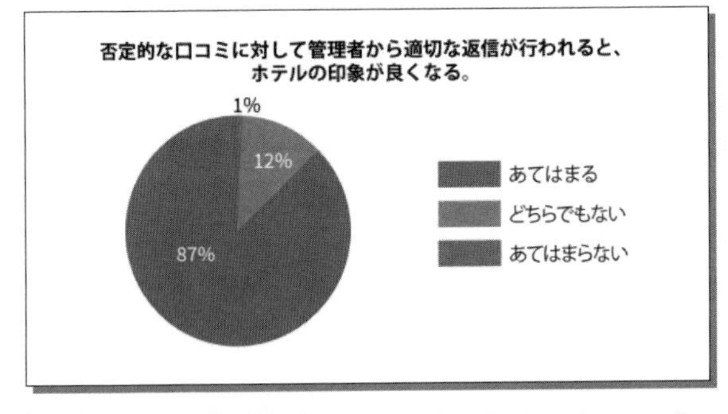

出典：PhoCusWright「"Custom Survey Research Engagement", prepared for TripAdvisor」（2013年12月）

この調査は宿泊業についてのものですが、業種問わず参考になるのではないでしょうか。別の調査でも、**「クチコミに返信しているビジネスへの信頼度は76%、そうでないビジネスへは46%。1.7倍の差があることが明らかになっている」**との調査結果もあります（「Benefit of a Complete Google My Business Listing」Google / Ipsos 調査・2016年10月）。

クチコミに返信をすることで、初見のネットユーザーにも**「なんとなく信頼できそう」と思わせる意義は非常に大きい**といえるでしょう。わかりやすくいえば、「クチコミに返信をすることで、信頼を積み重ねることができる」ということになります。

★ クチコミ返信に関するGoogleの考え

Googleは「クチコミの返信」についてどのような考えなのでしょうか。Googleビジネスプロフィールの運用指針に困ったら第1章に立ち返るのが基本でしたね。

・クチコミの管理と返信を行う

ビジネスに関してユーザーが投稿したクチコミに返信しましょう。クチコミに返信することで、ユーザーの存在やその意見を尊重していることもアピールできます。ユーザーから有用で好意的な内容のクチコミが投稿されると、ビジネスの存在感が高まり、顧客が店舗を訪れる可能性が高くなります。

（引用：https://support.google.com/business/answer/7091）

「いただいたクチコミに返事をしましょう」「そのような積み重ねで見込み顧客が店舗に訪れる可能性が高くなります」という趣旨が書かれています。先ほどご紹介した調査と同じことを示しているといえるでしょう。

★ クチコミ返信の操作を押さえる

まずはユーザーがお店にクチコミを書く段取りから確認していきましょう。なお、最近はクチコミ内容の審査が厳しくなっているのか、クチコミを投稿しても店舗のクチコミ欄になかなか反映されないこともあります。

手順① ユーザーはGoogleマップやGoogle検索で、クチコミを書きたいお店を見つけます。そこで「評価とクチコミ」という箇所を押すと、星の評価とともにクチコミを書くことができます（星の評価だけして、クチコミ自体を書かないユーザーも多いです）。「投稿」を押すと、クチコミが当該店舗のクチコミ欄に反映されます。

手順❷ ユーザーがクチコミを投稿すると、貴店宛にGoogleから通知メールが届きます（メール通知の設定で「顧客のクチコミ投稿」にチェックが入っている場合。P.127参照）。

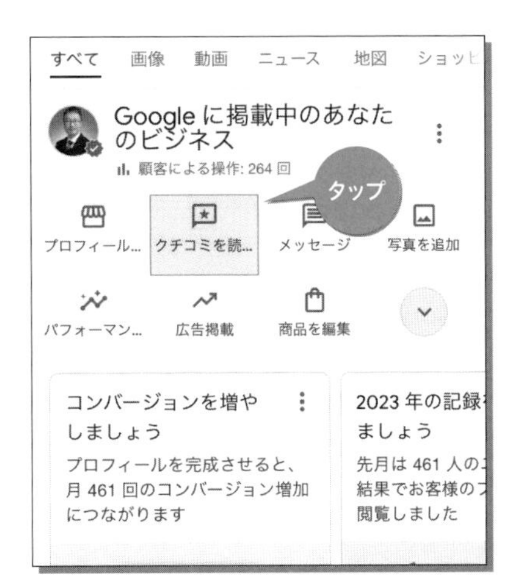

手順❸ 返信をするためには、直接管理画面の「クチコミを読む」ボタンを押します。

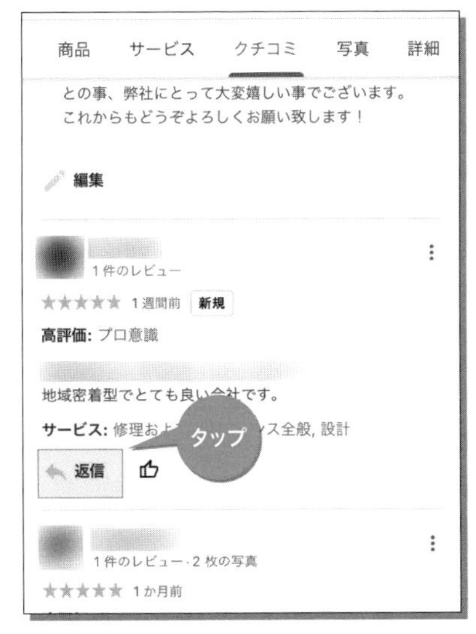

手順❹ 貴店に入ったクチコミは、この画面の中に列記されています。返信をしたいクチコミの「返信」を押します。

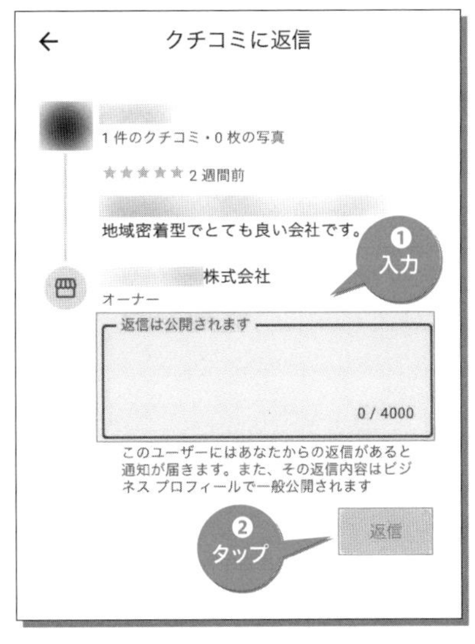

手順❺ 返信内容を入力して「返信」を押します。

39 高評価クチコミに返信するときのポイント

★ 高評価クチコミへの返信ポイント

前ページのように、クチコミの仕組みや、返信をする仕組み自体はとても簡単です。では、いよいよ本題です。高い評価をいただいたときは、どのような内容を返信するのがよいでしょうか？筆者は、以下のような返信をご提案しています。

コメント例

先日家族で利用しました。配膳のかたの説明も丁寧でわかりやすかったです。
特におすすめなのが鰻の白焼き。わさび醤油や塩でいただきました。鰻が少し苦手だった母も喜んでいました。また訪問したいです。

返信例

〇〇様、当店をご利用、また嬉しいご評価をいただき誠にありがとうございます。
ご感想をいただきました鰻の白焼きにつきましては、私どもも大変に力を入れお薦めさせていただいております。お褒めの言葉をいただき誠にありがとうございます。
また頂戴したお声を板長に伝えましたところ、大変に喜んでおりました。
夏になりますとハモ料理が大変人気となります。〇〇様もぜひお試しいただければ幸いでございます。〇〇様のまたのご来店をスタッフ一同心よりお待ちいたしております。

これには「3つの返信ポイント」があります。それぞれご説明しましょう。

▶（1）目のつけどころを褒める

本件では、わざわざ「鰻の白焼き」について感想を言ってくれています。この感想をしっかり読んだということを伝える意味でも、そのことに言及しましょう。「評価していただいた点は、当店でもこだわっているポイントである」ということを伝えると、お客様は嬉しくなってしまうのではないでしょうか。

▶（2）複数のスタッフがその評価を喜んでいることを伝える

「Web担当者である自分がクチコミを拝見しましたよ」ということではなく、読んだクチコミをスタッフで共有している姿を述べると、「自分（の意見）は大切にされているんだ」とお客様は感じ、嬉しくなると思います。

▶（3）別ポイントをさりげなくPRする（クチコミ返信を読む他者の視線も意識する）

クチコミに対してお店側から返信をすると、そのクチコミをしてくれたユーザーにメールが届きます。そのメールをたどって、「クチコミに対するお店からの返信」を見てくれる可能性があるでしょう。一方、そのクチコミや返信は、一般の多くのGoogleユーザーも見ることができます。言い換えれば、**そのクチコミ返信のやりとりを一般ユーザーにも「見せる」ことができる**わけです。

すでにお話をさせていただいたように、「クチコミの返信はユーザーに結構見られている」ものです。それをチャンスと捉え、「別ポイント（本件の場合は「ハモ」）をさりげなくPRする」のも集客には大切です。

メール通知の設定

直接管理画面の「Googleに掲載中のあなたのビジネス」の右側「⋮」メニューの「通知」から、「Google側からどのようなメールを受け取るか」の設定ができます。クチコミが投稿されたときに通知を受け取る「顧客のクチコミ投稿」、顧客からメールが届いた場合のアラート「顧客メッセージ」、写真に関するヒントと更新情報の「写真」など、さまざまな項目について設定できます。少なくとも、クチコミ投稿と顧客メッセージのメール通知は受け取るようにし、お客様からの投げかけをすぐ確認するようにしましょう。

低評価クチコミをもらったときのタブー行動

商売人であれば誰しも、「良かった！」「美味しかった！」などの高評価とともに「星5つ」をもらいたいですよね。汗をかいて働いているご褒美が、お客様からのご満足の声だと思います。一方、**原因はどうであれ、「低評価」を受けることもあります**。頑張っている中での低評価は、どん底に突き落とされるような気持ちになりますよね。

筆者はコンサルティングのかたわら、Web活用セミナー講師として商工会議所・商工会様などにお世話になっています。今から数年前、とある街にてセミナー講師をしたとき、話し始めて5分くらいで帰っていってしまった受講者様がいらっしゃいました。

そのかたが残したアンケートには、「こんなにレベルの低いセミナーは初めてだ。失望した。講師は未熟さに気づいていなくて可哀想」などの趣旨が書かれていました。現在セミナー講師歴20年ですが、そのようなご感想は初めていただきました。数年経った今でも、心の傷として残っています。

★ クチコミで低評価をもらったときの4大タブー

低評価を受けると気落ちしてしまうものですが、では、そのときにどう対応すればよいでしょうか？まずは、低評価のクチコミをもらったときに**「やってはいけないタブー」**から確認していきましょう。

▶（1）お詫びのため自宅に電話する

家族に黙って行ったお店かもしれません。Googleマップのクチコミで低い評価を書きこんだユーザーは、決して「連絡」が欲しいわけではありません。せいぜい、その場（Googleマップのクチコミ返信機能）で返事があれば十分なのです。

▶（2）謝らない

のちほど触れますが、筆者はクレームメールの対応実務経験があります。また現在でもクライアント様のクチコミ返信に対するアドバイスを継続的に行っています。その経験上、クレームメールやクチコミ低評価は**「謝る」ことをしないと、ほぼ間違いなく二次クレームになります**。お叱りに対して「謝らない」という選択肢はないと思ってよいでしょう。

▶ (3) 感情的に対応する

Googleビジネスプロフィールのクチコミ返信内容は「公開」されます。つまり、幅広くネットユーザーに見られてしまいます。ということは、良いかどうかは別として、その返信内容がネット掲示板やSNSなどで晒(さら)される可能性もあります。「もう二度と来るな！！」「あなたも客としてどうかと思いますよ」などの感情的な返信は慎みましょう。

▶ (4) お客様がクチコミで書いていない部分について言及する

お客様はクチコミですべてを書くわけではありません。また、書きたくないこともあるでしょう。そんなとき、お客様があえて書いていない事項についても「返信」で書いてしまうのは、デリカシーに欠け、またプライバシーの侵害になる可能性があります。

できない点はできないと書く

返信するうえで、「できない点はできない旨を書く」ことも重要です。例えば、「店員を辞めさせろ」というクレームを受けた場合、お怒りはごもっともだとしても「できない」ことになります。このときは、「辞めさせることはできません」と直接書くのではなく、「当方が責任を持って教育に当たらせていただきますので、何卒ご容赦くださいますよう、お願い申し上げます」などと書くのがよいでしょう。

また、クレームへの返信において、「二度と致しません」「今後絶対にこのようなことがないように致します」などの断定表現も避けます。言葉の揚げ足を取られるからです。

低評価クチコミに返信するときのポイント

★ クレーム“メール”返信　基本12項目

本章は、Googleビジネスプロフィールのクチコミにうまく返信する方法を考えていく章です。ここでどうしてもご説明させていただきたいのは、「クレーム“メール”（お叱りのメール）」の返信テクニックです。というのは、低評価クチコミの返信はクレームメールの対応法・返信テクニックをアレンジするとよいからです。

筆者は独立開業まで8年間、とある財団法人に勤務していました。そして立場上、クレームメールを処理する仕事も担っていました。クレームメールを受信してしまうと、胸がどきどきして、頭が真っ白になり、手に汗を握り、胃が痛くなり、呼吸も速くなります（個人の感想です）。

そして考えに考え抜いて書いた「返信」の内容如何で、クレームが収まるどころか優良客になっていただいた事例や、逆に、二次クレームになり、筆者や所内スタッフ、上司の時間を大きく割くことになった経験もあります。そしてその経験は心の傷となって相当期間残ってしまうことも、経験上知っているつもりです。

端的に申し上げれば、筆者は、貴店に万が一クレームメールが来たときに「うまく対応」していただくことで、ご自身や周囲の仕事時間をロスしたり、心理的ストレスを感じたりすることを「うまく避けて」いただきたいのです。そこで、まずはクレームメールを受けたときの「うまい返信のコツ」をお伝えしたいと思います。実経験から編み出した「これを書けばクレームメールが収まる（二次クレームは起きない）」と考えている「返信に入れるべき項目」は12個あります。筆者はこれを「クレームメール返信　基本12項目」と呼んでいます。

クレームメール返信　基本12項目

▶①お客様の氏名
▶②連絡をいただいたことへの感謝
▶③担当者の名乗り
▶④サービスを利用した（する）ことへの感謝
▶⑤指摘事項の確認と、必要に応じて謝罪
▶⑥なぜそうなったかの理由を明示
▶⑦本質（心情面）を理解し、その点にお詫び
▶⑧善後策を提示
▶⑨指摘をしていただいたことへの感謝
▶⑩連絡先明記
▶⑪「今後ともどうぞよろしくお願いいたします」
▶⑫署名

クレームメールへの返信例

それでは、「クレームメール返信　基本12項目」を使った返信例を見ていきましょう。あなたは梅干しなど漬物の実店舗とネットショップを運営しているとします。以下のようなクレームメールが来たら、どのように返信しますか？

クレームメール例

〇〇梅干し店　御中

1か月ほど前、貴店ネットショップで梅干しを選び友人に贈りました。

のしは間違いなく無地の「一般のし」を選びましたが、届いた親友から「お中元（と書かれたのしが貼られた贈答品）が届いた。ありがとう。自分も贈るよ」と言われ、友人に手間をかけさせ、余計な気遣いを負わせてしまいました。

一体おたくのネットショップは、どうなっているのですか？

「クレームメール返信基本12項目」を使った返信例

○○　○○様 ①

この度はご連絡をいただき、誠にありがとうございます。②
××食品株式会社にてサービス向上の業務に当たっております、経営企画室長の△△　△△と申します。③

この度は弊社の「木樽入り減塩梅干1.2kg」をお求めいただき誠にありがとうございます。④

またお届けの際の「のし」が「お中元」になっており、弊社の手違いにて○○様のご意向に沿わない表書きになりましたこと、ここに深くお詫び申し上げます。⑤

弊社ホームページでは「のし」の種類をお選びいただく際、「一般のし」「お中元」「お歳暮」「その他」の中からお選びいただきますが、「一般のし」をお選びのお客様も「お中元」と同じように伝票処理を行っていたケースがあることが判明いたしました。
これは弊社スタッフの教育不徹底が原因でございます。⑥
「一般のし」と「お中元」では意味合いが違ってまいります。○○様のご贈答のお気持ちとは違う形になりましたことは私どもの不行き届きであり、誠に申し訳ございませんでした。⑦

また今回、○○様のご指摘により、同様のミスが数件あることが判明いたしました。他のお客様にもお詫びさせていただきますとともに、今回ご指摘いただきました○○様には深く御礼申し上げます。⑨

今後は、ご注文受付担当のスタッフ教育に一層力を入れ、このような事態を繰り返さないように努力してまいります。⑧
この度は貴重なご指摘を賜りましたこと心より御礼申し上げます。今後も、お気づきの点がございましたらお気軽にご意見お寄せくださいませ。引き続きご支援賜りますよう何卒宜しくお願い申し上げます。⑨

なお、本件につきましてご不明な点がございましたら、経営企画室長の△△　△△までお声掛けくださいませ。

【ご連絡先】
××食品株式会社　経営企画室　室長　△△　△△
電話：　FAX:　メール：⑩

今後ともどうぞよろしくお願いいたします。⑪

＝＝＝＝＝＝＝＝＝＝＝＝＝＝＝＝＝＝＝＝＝＝＝
××食品株式会社　経営企画室　△△　△△
住所：
電話：　FAX:　メール：　HP:
＝＝＝＝＝＝＝＝＝＝＝＝＝＝＝＝＝＝＝＝＝＝＝ ⑫

このクレームメール返信例を、「SNS炎上・クレームメール対応とクチコミ返信のコツ」というセミナーでお話しすると、「……こんなに長く返信するのですか？」のような反応が多いです。確かに、いただいたクレームメールに対して返信が長いですよね。しかし経験上、例えば300文字程度でいただいたクレームメールに300文字程度で返信すると、高確率で二次クレームが起こります。

繰り返しになりますが、クレームメール、ましてや二次クレームは、貴重な仕事時間を奪うだけでなく、心理的、身体的ストレスを招きます。ですので、できる限り「一発で」収めていただきたいと願っています。そのためにも、目安としては概ね**「いただいたクレームメールの倍の長さ」で返信する**ことをおすすめしています。

返信ポイントの解説

クレームメール返信記載のポイントは、「感謝」「誠実」「心情理解」です。具体的にポイントを考えていきましょう。

▶①お客様の氏名

「(株)」などと略さないようにしましょう。またお客様の氏名には「殿」ではなく「様」をつけます。

▶②連絡をいただいたことへの感謝

▶④サービスを利用した（する）ことへの感謝

▶⑨指摘をしていただいたことへの感謝

「ありがとう」は魔法のキーワードです。まず感謝することで空気を和らげます。クレームメールの返信は「お詫び」を連呼すればよいわけではなく、むしろ「ありがとうございます」という感謝をできるだけ多く入れたほうが、怒りが収まります。「梅干を購入いただいてありがとうございます」「ご指摘をいただきありがとうございます」など、クレームを書いてきたお客様にできるだけ「感謝」を伝えます。感謝や共感は、ユーザーとの関係を築くコミュニケーションの第一歩であると思います。

▶③担当者の名乗り

送信者の氏名は必ず名乗ります。「お客様相談室」などの部署名だけを書くと逃げている印象が残ってしまいます。

▶⑤指摘事項の確認と、必要に応じて謝罪

申し出のあった苦情内容がこちらのミスであることが明白であれば、その点は端的に謝罪します。

▶⑥なぜそうなったかの理由を明示

なぜそうなったかの理由は必ず明示します。

▶⑦本質（心情面）を理解し、その点にお詫び

これがもっとも重要ですが、なぜ苦情を言っているかの本質（心情面）を理解し、その点にお詫びをします。本件では、「一般のし」が「お中元」になっていたというクレームです。そのことについて、「のしを間違えてしまい申し訳ございません」など、表面的な部分についてのみ謝っても「気持ちをわかっていない！」などの二次クレームが起こります。

したがって、「ご贈答のお気持ちとは違う形になりましたことは申し訳ございません」「ご不快な思いをお掛け致しまして申し訳ございません」「ご不便をお掛けいたしまして申し訳ございません」など、「気持ち」（心情面＝クレームの本質）を理解して、その点についてお詫びをするようにしましょう。

▶⑨善後策を提示

ただ詫びるだけではなく、善後策を提示して前向きな印象を与えましょう。

▶⑩連絡先明記

クレームメールには当方の連絡先を明記しましょう。というのは、二次クレームになった場合、もし連絡先を書いていないと「大代表」や「本部」「本社」に二次クレームが届くことがあるからです。こうなると話が大きくなって事態の収拾が大変になります。

▶⑪「今後ともどうぞよろしくお願いいたします」

▶⑫署名

文末には結びの挨拶と署名をつけ、メール文章のまとまりをよくしましょう。

★ 低評価クチコミ返信　基本8項目

それではいよいよ、Googleビジネスプロフィールの低評価クチコミに対する返信を考えていきましょう。「クレームメール返信　基本12項目」をアレンジして返信することをご提案します。記載したほうがよい項目は8つです。

低評価クチコミ返信　基本8項目

▶①お客様の氏名

▶②サービスを利用したことと、連絡をいただいたことへの感謝

▶③指摘事項の確認と、必要に応じて謝罪

▶④なぜそうなったかの理由を明示

▶⑤本質（心情面）を理解しその点にお詫び

▶⑥善後策を提示

▶⑦指摘をしていただいたことへの感謝

▶⑧「今後ともどうぞよろしくお願いいたします」

低評価クチコミへの返信例

それでは、低評価クチコミが入った場合の返信例を見ていきましょう。事例は架空のものです。

低評価クチコミと返信例1：マツエク店

ひろみ
12件のクチコミ
★☆☆☆☆　1週間前

先日指名なしで訪問しました。まつげがほとんど上がっていなく、期待した仕上がりとはほど遠かったです。
希望の雰囲気ではないので、他の店でやり直す予定でいます。
せっかく有休を取って楽しみにしていったので、正直とても残念です。

オーナーからの返信 1週間前

ひろみ様①

先日は当店をご利用いただき、誠にありがとうございました。また、ご感想をお寄せいただき大変ありがとうございます。②

ご期待の仕上がりでなかったことは、ひとえに当店スタッフの技術力不足が原因でございます。せっかくのお休みでお出かけいただきましたのに、ご期待に沿えず、またご不快な思いをお掛け致しまして、大変申し訳ございませんでした。③④⑤
ひろみ様のご指摘を受け、再度社内の技術研修を行いました。今後は技術を磨きなおし、ご指摘の様なことがないよう、努力して参ります。⑥

この度は貴重なご意見をいただき誠にありがとうございました。どうぞ今後とも、宜しくお願い致します。⑦⑧

低評価クチコミと返信例2：ホテル

Mika
10件のクチコミ
★★☆☆☆　2週間前

今回、ホテル○○さんを利用しましたが、部屋の香り？がきつくてよく眠れませんでした。くさい香りが服にまで染みついてしまい残念です。
くさいにおいの元は、「ホテル○○厳選のアロマオイル」だと思います。女性受けを狙っているのだと思いますがくさいです。改善に期待。

オーナーからの返信 2週間前

Mika 様①

この度はホテル○○をお選びいただき誠にありがとうございます。支配人の△△と申します。ご評価、ご感想をお寄せいただき大変ありがとうございます。②

香りにつきましてのご指摘はこれまでいただいたことはございませんでしたが、ご気分を害されたこと心よりお詫び申し上げます。③
香りにつきましてはご指摘の通り「ホテル○○厳選のアロマオイル」によるものかと思います。当ホテル5周年を記念したオリジナルアロマでございましたが、ご不快な思いをおかけしましたこと、誠に申し訳ございません。④⑤
今回のご指摘をもとにオイルディフューザーの設置は事前にご希望をお伺いした上で行うように改善いたしました。貴重なご意見を賜り、誠にありがとうございます。⑥⑦

この度は貴重なご意見をいただき誠にありがとうございました。またのご利用をスタッフ一同、心よりお待ち申し上げております。⑦⑧

ホテル●●　支配人▲▲

繰り返しになりますが、表面的な部分を謝るのではなく、お気持ちの面にフォーカスしてお詫びするのがポイントです。

▶まつげが十分に上がっていなくてすみませんでした
▶アロマがくさくてすみませんでした

では、取り繕ったようなイメージになり、場合によっては二次クレームに発展する可能性があります。二次クレームは放っておけば「SNS炎上」などにも発展しかねず、リスクがますます大きくなります。

▶ご気分を害されましたことを深くお詫び申し上げます
▶お気持ちに沿わない結果となり誠に申し訳ございません
▶ご不便をお掛け致しまして、大変申し訳ございませんでした
▶誠に不行き届きであり、大変申し訳ございません
▶ご期待にそえず、誠に申し訳ありません

というように、お気持ちの面についてお詫びをするようにしましょう。また、「ごめんなさい。ごめんなさい」と「詫び」だけ述べても取り繕った印象になります。

▶当店をご利用いただき、誠にありがとうございます
▶貴重なご意見をお聞かせいただき、誠にありがとうございます

など、「感謝」の言葉を伝えて相手の態度を軟化させることも重要です。これら「クチコミ返信　基本8項目」を踏まえて、クレームを書いてきたかたの怒りを和らげ、また、その対応を見ている「未来のお客様」にも好印象を与えていきましょう。

なお、ここでご説明した「クチコミ返信　基本8項目」は、読者の皆様のクチコミ返信実務を効率化するための「型」のご提案です。「コピペ」のような形で毎回同じ返信をしていると「手抜き感」が出てしまいますので、**慣れてきたら適宜アレンジを加えていただく**とよいと思います。個々のお客様に寄り添う気持ちや姿勢は、「未来のお客様」である一般のGoogleユーザーにも伝わっていくはずです。

42 低評価クチコミの返信実務

★ クチコミ発見からその後のフォローまでの流れ

それでは、低評価クチコミを発見してしまってから、返信後までの「実務」はどうしたらよいでしょうか？筆者は以下の流れをご提案しています。

手順❶ 低評価クチコミが入ったことを、すぐ周りのスタッフや上長に報告します。というのは、何かの原因があっての「低評価」ですから、その「原因」が残った状態では他のお客様の怒りをも買ってしまう（今後もそのようなクレームが入ってしまう）可能性があるからです。

手順❷ お客様の指摘事項の整理をし、以下に分類します。

・指摘事項は何か。いくつか。
・指摘事項は事実か（スタッフに確認）。事実とお客様の推論が混在していないか。

手順❸ 確認に時間を要する（おおよそ1日以上かかる）ならば、まずご指摘を拝見した旨と、あとで速やかに回答する旨を返信します（クチコミ返信は再編集ができます）。じっくり確認し、じっくり考えてから返信しようと思っていても、お客様は「遅い！」と感じるかもしれないからです。

手順❹ クレームの本質理解（心情面の理解）をします。その問題によってお客様にどのような混乱／被害／不安が起こったかを理解します。少なくとも「ご不快な思いをお掛けした」ことは事実ですから、部分的であっても謝罪は必ずしましょう。

手順❺ 返信文案を作成します。作成後は、できるだけ他スタッフに確認をあおぎ、誤字脱字などをチェックしてもらいます。

手順❻ 文章がOKなら返信します。

手順⑦ 低評価クチコミと返信文章をプリントアウトし、スタッフ間で情報共有するために「ファイリング」をします。

★ 低評価クチコミを店舗運営に活かす

実際に対応されたかたはご存知と思いますが、クレーム処理は非常に時間をロスします。ですので、この時間のロスや経験を、今後のスタッフのために活かすという視点が大切です。「このときはこのように返信をしたら、クレームが収まった」などの**ノウハウに換えていきましょう**。

また、日常業務で「お客様からよく質問されること」があれば、それはクレームの火種となる可能性があります。よく質問されるということは「それが伝わっていない証拠」ですから、**「よくある質問」を自社ホームページに掲載**しておいたり、**窓口に紙で掲示**したりという「予防」をしておきましょう。

「よくある質問」の例（https://8-8-8.jp/qanda）

「よくある質問」の代表的パターン

- YES/NO型…「住所に関係なく大丈夫ですか？」
- 不安型…「本当に〇〇なんですか？」
- 情報不足型…「FAX番号を教えてください」
- 初心者型…「初めてでもできますか？」「簡単に〇〇できますか？」
- 手順型…「どんなふうに〇〇するのですか？」「いつまでに〇〇ですか？」
- 保守型…「自宅ではどうすればよいのですか？」

43 クチコミは削除できる？

いただいたクチコミについては、残念ながらオーナー側から削除をすることはできません。クチコミを削除できるのは、書き込みをした本人のみです。しかし、Googleのクチコミに関する**ポリシーに違反しているクチコミ**は、不適切なクチコミとして報告、つまり「削除申請」ができます。「Googleのクチコミに関するポリシー」とは、「実体験に基づいていない、虚偽のコンテンツ」など多岐にわたりますので、ぜひ一度ご確認ください。

▶禁止および制限されているコンテンツ
https://support.google.com/contributionpolicy/answer/7400114

★ 不適切なクチコミとして報告する方法

それでは、クチコミを「不適切なクチコミとして報告」するときの手順を押さえておきましょう。まずは直接管理画面の「顧客」を押し、次に「クチコミ」を押します。不適切なものとして報告したいクチコミの右側「⋮」マークを押すと、「レビューを報告」と表示されますのでそれを押します。

その後、どのようなポリシー違反と考えるのかを選択して「報告を送信」すると操作は完了です。Google側で審査が行われたのち、ポリシー違反だと判断されれば削除されます（数日、もしくはそれ以上かかる場合があります）。

ただしこの操作は、あくまでもGoogleに対して「ポリシー違反だと思いますよ」と申告するだけですので、**実際に削除されない可能性も非常に高い**です。したがって、**クチコミに返信することで冷静に貴店の言い分を述べたり、場合によっては謝罪する**ということのほうが現実的な対処であると思います。

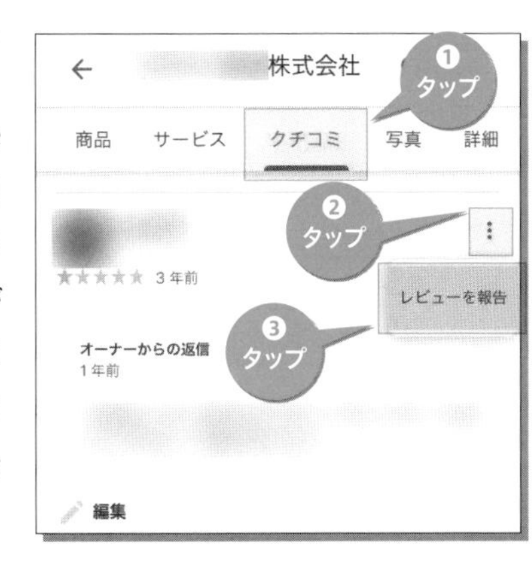

「星だけ評価」にも返信すべき?

★ 短くても返信するとよい

経営者様から「コメントがなく星だけの評価の場合は、どのように返信すべきでしょうか?」というご質問をいただくことも多いです。「返信しない」のが一番簡単ですが、うがった見かたをすれば「コメントが書かれたときだけ返信するお店なんだ…」という心証にもなりかねません。ですので、ごく短めでよいので返信することをおすすめしています。

(例)

Takuya
84件のクチコミ
★★★★☆　3週間前

オーナーからの返信 3週間前

Takuya　様

ご評価をいただき、誠にありがとうございます。
またのご利用をお待ち申し上げております。

余裕があれば、星の数によって内容をアレンジしてもよいでしょう。低評価の場合は「お気づきの点がございましたらご意見をお聞かせくださいませ。」、高評価の場合は「嬉しいご評価をありがとうございます。」などです。また「数年前のクチコミ」にも返信するほうがよいでしょう。クチコミに返信すると、そのユーザーにメールが届きます。そのことでお店のことを思い出すきっかけになるかもしれません。クチコミの返信は「コミュニケーション」「印象づくり」であることを忘れないようにしましょう。

COLUMN 5

低評価クチコミが入ったときの「心の持ちかた」と事後対応

ユーザーが匿名でクチコミを記載でき、また多くのユーザーがそのクチコミを参照してしまうという仕組みは、良い悪いではなく「そういうもの」として受け入れるしかないと思います。

そしてご商売を続けている以上、早かれ遅かれ、またそれが妥当な意見かどうかは別にして「低評価クチコミ」が書かれてしまうのは避けられないと思います。そもそも機嫌や体調がお悪いお客様が来店するかもしれません。グルメ気取りの批評家かもしれません。お客様の一方的な勘違いでのクレームかもしれません。そもそも星のつけかたがわからないかもしれません（星5より星1のほうが良いものだと思っているお客様かもしれません）。

またそれが実際のお客様ではなく、同業者の嫌がらせかもしれません。貴店が繁盛している「やっかみ」かもしれません。退職した元スタッフによる私憤かもしれません。いずれにしろ、「低評価クチコミ」は避けることはできないと思います。

前述のように筆者自身もクレームメール対応実務経験がありますので、クレームや言いがかりのような低評価を見てしまった際は、とても心が痛み、苦しくなることを理解しているつもりです。そんなときの「心の持ちかた」と事後対応についてご提案させていただきます。

心の持ちかた

▶満足しているお客様のほうが多いという事実と、実際の目の前で喜んでいらっしゃるお客様に意識を向ける

嫌がらせかと思えるような低評価に心を痛めていらっしゃることと思います。しかしそれをいったん除外すれば、今までご来店のお客様の多くは貴店にかなり満足なさっているのではないでしょうか。

自店の商品やサービスにご満足いただいているようなお客様がたくさんいるという「事実」を支えにしていただき、今後もそのような「喜んでいただける」お客様に注力しご満足いただけるように過ごしていくのが、精神衛生上もよろしいのかなと思います。

▶誰かに話す

多くの中小企業Web担当者様は、おひとりで頑張っていることが多いと思います。しかし、抱えきれない出来事も起こります。低評価クチコミが入って胸が張り裂けそうになったら、ぜひそのことを周囲に伝えていただきたいと思います。伝えることで気持ちが分散し、次第に時間が解決してくれることも多いと思います。

事後対応

▶「本当のご意見」である可能性も考える

イタズラや適当な作り話の低評価クチコミと、本当のお客様（利用者）による低評価クチコミは、ご商売をされているかたであればおおよそ判別がつくと思います。

いったん検討しなければならないのは、本当のお客様によるものであろう低評価クチコミのほうです。似たような低評価内容が散見された場合、「本当にお客様がその点に対して不満を持っている（持ち始めている）」可能性もあります。接客やサービス内容、提供方法などについて、できるだけ客観的な第三者によるチェックとアドバイスを受けてもよいと思います。

▶法令や規則で対処できるかを確認する

商工会議所や商工会などで弁護士様との相談をセッティングしてくれることもあります。また万が一、退職した元スタッフによる低評価クチコミ記載だとすれば、就業規則等の違反行為かもしれません。社会保険労務士様に相談をしてもよいでしょう。

第6章

集客効果を底上げする外部施策テクニック

45 自社HPやSNS、ブログを活用して相乗効果を狙う

★ Googleビジネスプロフィール以外でも頑張る意味

すでにお伝えしている「Googleのローカル検索結果のランキングを改善する方法」というGoogleの公式アナウンスでは、「ローカル検索結果では、主に関連性、距離、知名度などの要素を組み合わせて最適な検索結果が表示されます」と述べられています。

・ローカル検索結果のランキングが決定される仕組み

ローカル検索結果では、主に関連性、距離、知名度などの要素を組み合わせて最適な検索結果が表示されます。たとえば、遠い場所にあるビジネスでも、Googleのアルゴリズムに基づいて、近くのビジネスより検索内容に合致していると判断された場合は、上位に表示される場合があります。

（引用：https://support.google.com/business/answer/7091）

このうち「知名度」（「視認性の高さ」とも表現されます）について、以下のように説明されています。

・視認性の高さ

視認性の高さとは、ビジネスがどれだけ広く知られているかを指します。ビジネスによっては、オフラインでの知名度の方が高いことがありますが、ローカル検索結果のランキングにはこうした情報が加味されます。たとえば、有名な博物館、ランドマークとなるホテル、有名なブランド名を持つお店などは、ローカル検索結果で上位に表示されやすくなります。

> ビジネスについてのウェブ上の情報（リンク、記事、店舗一覧など）も視認性の高さに影響します。Google でのクチコミ数とスコアも、ローカル検索結果のランキングに影響します。クチコミ数が多く評価の高いビジネスは、ランキングが高くなります。ウェブ検索結果での掲載順位も考慮に入れられるため、検索エンジン最適化（SEO）の手法も適用できます。
>
> （引用：https://support.google.com/business/answer/7091）

つまり、

- ▶評判が高い／ネット上でその事業所についての情報が多い／店舗への訪問者が多い／店名やブランド名での指名検索が多い
- ▶ホームページが多くのリンクをもらっている（被リンクが多い）
- ▶Google でのクチコミ数が多くスコア（平均点）が良い
- ▶ホームページ等Web媒体の掲載順位が高い

このような状態が知名度（視認性の高さ）の評点を挙げていくものと思います。言ってみれば**リアル・ネット問わず「人気が高いかどうか？」がGoogleビジネスプロフィールの「最適な検索結果」（ローカル検索結果の順位アップ）に影響を及ぼす**わけです。

ローカル検索結果の順位アップを狙う

多くの事業所様では、営業時間情報を正確に保ったり、魅力的な写真や投稿を掲載したり、クチコミ返信することでユーザーとコミュニケーションを図るといった「Googleビジネスプロフィールの管理画面で行える情報整備」をするだけでも集客効果は大きいと思います。

一方、商圏内で競合店が多い場合など、**ローカル検索結果の掲載順位の向上そのものをシビアに求めていきたい場合は、「関連性」「知名度」の向上を図る必要があります。**このためには、ホームページやSNS、また看板やチラシ（ポスティング）といったアナログ施策を含めた**「総力戦」**を行う必要があります。

● Googleビジネスプロフィール活用は「2階建て」で考える

応用【知名度向上／関連性強化】	
Googleビジネスプロフィールの管理画面「以外」で行う施策。ホームページ／SNS／チラシや看板の取り組みや店舗運営そのものの見直し（メニュー改良、接客力改善、清潔感アップ）など。	・SNSやネット上での評判を増やす ・看板設置、ポスティング等の実施（アナログ施策） ・ホームページやSNSの整備、活用（お客様目線のコンテンツ、専門性ある内容、お客様とのコミュニケーション） ・お客様にとって良い商品、サービスの提供（自然に高評価クチコミが増えるように頑張っていく）
基本【情報整備／対応】	
Googleビジネスプロフィールの管理画面で行う施策。屋号や会社名で検索されたときに適切な情報を伝えられればよいという場合や、近隣に競合が少ない場合は基本施策のみで十分なことも多い	・営業時間等の情報整備 ・お客様目線の写真の追加や投稿 ・クチコミ返信

★ ふんだんな情報を掲載しやすい「ホームページ」

次の画像は、パソコンでGoogleマップを開き、「床リフォーム　藤沢」で検索した結果です。

執筆時点で一番上に掲載されている事業所様の情報欄に、「ウェブサイトでの記載：床リフォーム」と表示されているのがわかります。これはまさに、Googleがビジネスプロフィール管理画面の情報だけでなく、その事業所のホームページを参照していることの証明です。

自社ホームページでは、**事例（施工事例、相談事例、対応事例）や得意技術、お客様の声やQ&A**などを中心に、**お客様にとって有益な情報**をふんだんに掲載しておきましょう。「関連性」が強化されるだけでなく、指名検索や被リンクなど「知名度」に関する評点も向上することが期待できます。

★ SNSは「ネットの中の集会所」

本書でお伝えしているGoogleビジネスプロフィールは「検索されたときに見られる場所」です。しかし、ユーザーは24時間ずっと、そして必ず「検索エンジン」を使っているわけではありません。下図はSNS利用者の推移です。

LINE、Twitter、Instagramなどの主要なSNSの利用者は年々増加していることがわかります。筆者は「SNS」のことを和風に表現するときに**「ネットの中の集会所」**といっています。実店舗の前にお客様があまり歩いていないその瞬間に、「SNS」にはたくさん人が集まっている（出たり入ったりしている）というイメージです。

その集会所で、「無料で」「何度でも」お店のことをPRするチャンスがあるわけですから、中小企業・店舗様がSNSを「しない」という手はないように思います。ちなみに、**Googleビジネスプロフィールの「投稿」とSNSの投稿内容を別に用意する必要はありません。**同じ投稿ネタを両方に掲載すればよいでしょう。また、「投稿」機能のリンク先としてSNSを設定すれば、「あ、このお店はSNSもやっているんだ」という認知拡大にもつながりますし、SNSでユーザーと交流することで指名検索や実際の来店、ひいては**ネット上での「知名度」が向上することも期待できます。**

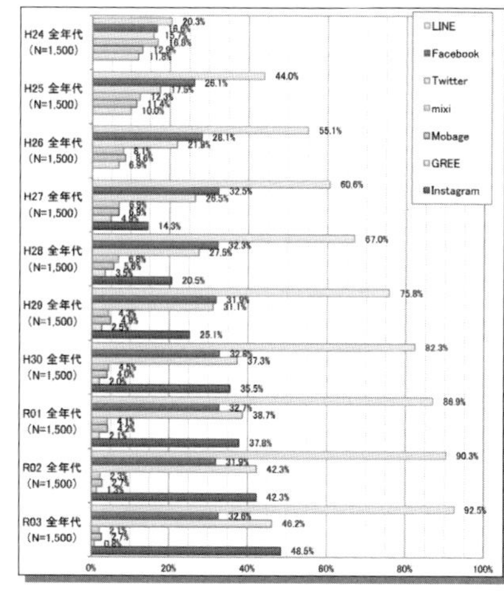

総務省情報通信政策研究所「令和3年度情報通信メディアの利用時間と情報行動に関する調査」（https://www.soumu.go.jp/main_content/000831290.pdf）

それでは、数あるSNSの中で、どれが店舗の新規集客に有効でしょうか？おすすめの順番にご紹介をしていきます。

写真で新規客にアピールできる「Instagram」

Instagram（インスタグラム）は国内ユーザー数が3300万人（2019年3月）を突破したといわれるSNSです。

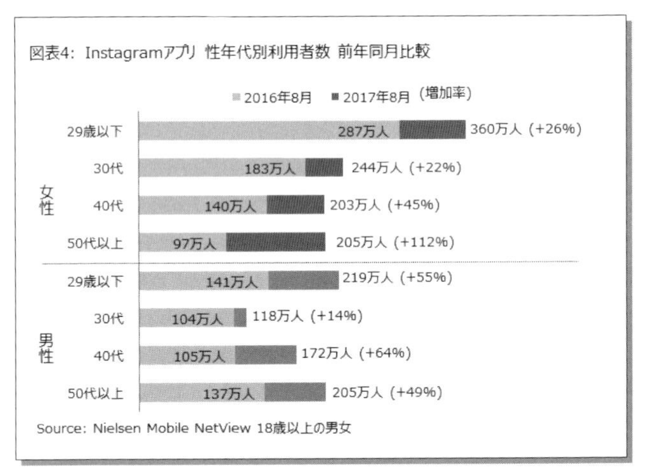

ニールセンデジタル株式会社「Instagramアプリ 性年代別利用者数 前年同月比較」(https://www.netratings.co.jp/news_release/2017/09/Newsrelease20170926.html)

話題になった初期の頃は「10代、20代の女性向けSNSだ」といわれていましたが、ここ数年では性別、および世代問わず利用者が急増しているようです。パソコンから利用することもできなくはありませんが、基本的にはスマホで使うかたが圧倒的に多いSNSです。

Instagramでは、それぞれのユーザーが写真か動画を投稿しています。もちろん、個人はもとより、企業やお店の立場でも無料で利用することができます。

★ ハッシュタグの使いかたが成否を分ける

では、企業やお店の立場でInstagramを運用したとして、どのようにすればお客様と接点が持てるのでしょうか？ズバリ、それは「**ハッシュタグ**」に他なりません。以下の図は、筆者が個人的に運用しているInstagramアカウントの、とある投稿です。

ハッシュタグは**自分の投稿につけられるキーワード**のようなもので、投稿ごとに**30個まで**つけることができます。半角シャープのあとに任意の言葉を書くと、それがハッシュタグとして機能します。「半角シャープと言葉には間を空けない」「$や％などの特殊文字、スペースは使えない」などの決まりはありますが、それ以上に難しいことはありません。また、ハッシュタグは「占有」できないので、誰でも自由にハッシュタグを作ることができます。上記の投稿の場合は、次のハッシュタグをつけてみました。

#unagi #fujisawafood #shonanlife #shonan #japanesefood #japantrip #japanstyle #japan #madeinjapan #explorejapan #instagramjapan #foodstagram #lunchtime #unaju #永友一朗 #鰻重 #どんだけー #鰻料理一幸 #藤沢散歩 #藤沢ランチ #湘南ランチ #胡麻豆腐 #ふぐ料理 #かばやき #kabayaki #藤沢市打戻 #寒川ランチ #茅ヶ崎ランチ #藤沢和食 #日本料理藤沢

ところでInstagramには投稿された写真や動画を検索できる箇所があります。そこに言葉を入れて検索すると、基本的にはこの「ハッシュタグ」がついた投稿がヒットします。Instagramをやっているかたは、試しにInstagramの中で「日本料理藤沢」で検索してみてください。上記の投稿がヒットするはずです。これは「#日本料理藤沢」というハッシュタグをつけているからヒットするのです。

「どのようにハッシュタグを使っているか」という調査結果*1によれば、Instagramでは10代～30代女性のハッシュタグ検索利用率が8割を超えています。Instagramのユーザーたちは、友達のインスタ映え写真を眺めて「いいね！」などの「交流」をする以上に、**Instagramの中で探し物をしている**と考えるのが自然です。そのような「Instagramの中で探し物をする新規客」と出会うためには、きちんとハッシュタグをつけて投稿をすることがもっとも大事なことになるのです。

★ 企業やお店が使いたいハッシュタグ

ここでは、企業やお店が使いたいハッシュタグを記します。

種類	例
市町村名、地域名	#藤沢　#湘南
一般名称	#カフェ　#ヘアサロン

＊1　株式会社コムニコ／株式会社アゲハ「調査結果の詳細　ハッシュタグの使い方」(https://blog.comnico.jp/news/sns-research-20181204)

固有名詞（店名、商品名、メーカー名、型番など）	#ほがらかカフェ　#ホームページコンサルタント永友事務所
上記を英語表記にしたもの（小文字で記載）	#cafe　#shonan
日本を表すもの	#japan　#japantrip　#madeinjapan
組み合わせ	#カフェ巡り　#カフェ湘南　#藤沢駅北口

この中でも特に重要なのは「固有名詞」と「組み合わせ」のハッシュタグです。先ほどの調査結果でも「店名・ブランド名などの固有名詞をハッシュタグ検索する」という回答が多いです。つまり、

- **その商品を使っている人の感想を知る**
- **その商品の使いかたを知る**
- **その商品はどこで売っているかを確認する**

などの意味で、固有名詞ハッシュタグの検索をしているものと考えられます。このような消費者に出会うためにも、固有名詞のハッシュタグは重要です。

ところで「#カフェ」「#ヘアサロン」などの一般名称のハッシュタグは、すでにその投稿が非常に多いものです。例えば執筆時点で「#カフェ」では2895万件、「#ヘアサロン」では366万件のInstagram投稿があります。仮に貴店が投稿時にこのハッシュタグをつけたとしても、貴店の地域のユーザーに運よく見つけてもらうのは非常に難しいはずです。

そこで、「#カフェ湘南」や「#ヘアサロン藤沢」などの**言葉を組み合わせたハッシュタグも、一般名称ハッシュタグとともに併記する**ことを筆者はご提案しています。ちなみに執筆時点では「#カフェ湘南」は15件、「#ヘアサロン藤沢」では228件という検索結果です。「#ヘアサロン」と「#ヘアサロン藤沢」。藤沢市内でヘアサロンを探すInstagramユーザーにはどちらが出会いやすいでしょうか？

なお、Instagramアカウントの「名前」も検索でヒットしますので、名前に検索対応のキーワードを入れることもおすすめです。

地域のお客様と接点を持つ「Twitter」

Twitter（ツイッター）は国内ユーザー数が4500万人（2017年10月）を突破したといわれるSNSです。複数のアカウントを持つユーザーも多いとされるTwitterですが、重複はあれども、やはり相当な人数が利用していると考えてよいでしょう。Twitterも利用は無料です。

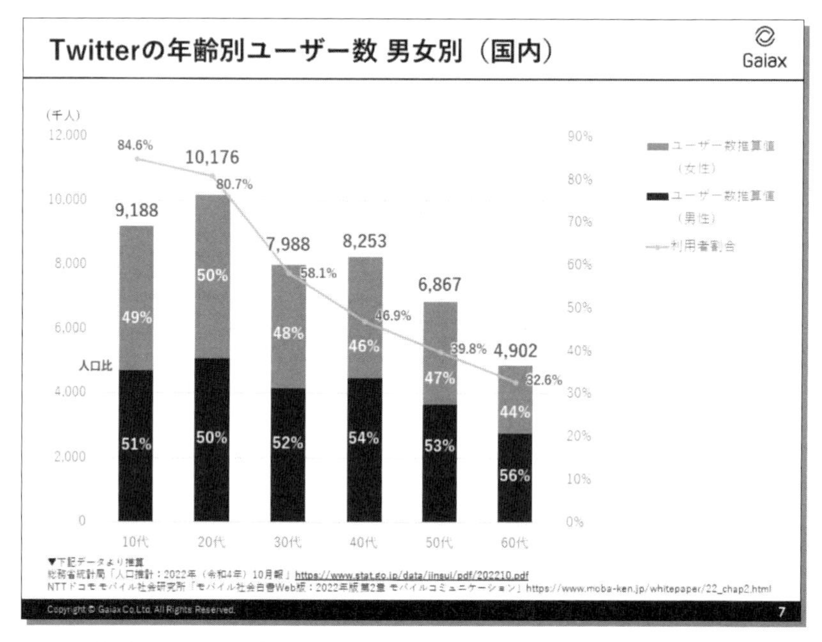

株式会社ガイアックス「Twitterの年齢別ユーザー数 男女別（国内）」（https://gaiax-socialmedialab.jp/post-30833/）

20代はもとより**40代も多く使っている**というのは意外に思われるかもしれません。しかし筆者（49歳）の周囲でも「Facebookはしていないが Twitterは使っている」「雑多な情報が入手できるのでニュース代わりに見ている」「140文字以内に意見を収めるのが文章の訓練になる気がする」という知人もいて、確かに利用率は高いように感じます。TwitterはFacebookと違って「ニックネーム」で登録・運用でき、いわゆる「屋号・店名」名義のTwitterアカウントを作ることができます。

★ 検索されるキーワードを投稿に入れる

このTwitterも、地域密着のご商売、つまり「お店」にはピッタリのSNSです。なぜなら、「Twitterで地域の情報を探す人が多い」からです。

神奈川県高座郡寒川町のお花屋さん「千秋園」様は、Twitterで「寒川」「花屋」「寒川神社」など**よく検索されるであろう言葉**を多く使っています。「Twitterを始めてから、遠方からお越しのお客様が増えた」とのことでした。真面目で明るいご夫婦のお花屋さんです。また以前、とある街の青年会議所様主催で地域イベントがありました。その告知は、

- ▶タウン誌（紙媒体）
- ▶ホームページ
- ▶ブログ
- ▶Twitter

▶Facebook

で行いましたが、イベント来場者全員に尋ねたところ、「Twitterを見て今日のイベント知り、来場した」というかたが一番多かったそうです。また、とある街の小売店様では、近くの競技場（試合のときは駐車場が混みあう）で試合があるときに「当店でお買い物をされたお客様は、当店駐車場を1日出し入れし放題でご利用いただけます」という趣旨のTwitter投稿をして、多くのお客様が来店されるそうです。そして実際にTwitterを利用されているかたはご理解いただきやすいと思いますが、鉄道の現実的な運行状況などは、ホームページやFacebook、InstagramなどよりもTwitterの情報が一番早いです。

それぞれ、「Twitterで地域情報を探す」というエピソードを端的に表していると思います。Twitterも、Instagramと同様に「SNSの中で『検索される』」ということを念頭に置いて活用するのがポイントです。つまり、ここでもご提案は、「お店や会社の立場でTwitterを開始し、地域のお客様と接点を持ってはいかがでしょうか」ということになります。なおTwitterはInstagramと違い、ハッシュタグをつけなくても検索に引っかかります。検索されるであろうキーワードを、投稿に入れるようにしましょう。また、Twitterは「速報性」が高いのも特徴ですから、臨時休業や早じまい、その日だけの入荷情報など、タイムリーな告知はTwitterが非常に向いています。Googleビジネスプロフィールの「投稿」機能は審査が入るので「即時反映」される保証は残念ながらありません。ツールごとの特性を踏まえて使い分けをしていきましょう。

営業時間をTwitterでアナウンスしている例（「らぁめん鴇」様）

48 既存客の再来店を促す「LINE公式アカウント」

LINE公式アカウント（旧称：LINE＠）は、個人ではなく、店舗や企業の立場で運用するものです。個人の立場で使う「LINE」は、営業行為などの商用利用が禁じられています。一方このLINE公式アカウントは、初めから「商売用」を前提としたものです。LINE公式アカウントは無料から始めることができ、送信するメッセージ通数によって有料プランに変更する、というしくみになっています。

★ 新規来店のきっかけにすることも

LINE公式アカウントの基本は**「既存客に特典やオファーを告知して再来店を促す」**という使いかたです。一度来店したお客様に「友だち」になっていただき、メッセージ配信を行うという趣向です。

静岡を中心に絶大な人気を誇る和洋菓子店「たこ満」様もLINE公式アカウントを活用しています。新商品の告知だけでなくクーポン配信や投票企画など、趣向を凝らしながら運用し、「友だち」数も3万人以上になっています。

もちろん既存客のリピートだけでなく、例えばGoogleビジネスプロフィールの**投稿の「詳細」ボタンからLINE公式アカウントに誘導**し、「新規来店のお客様だけの特典」などを提案してうまく「友だち」になっていただければ、「新規来店」のきっかけとして使うこともできます。

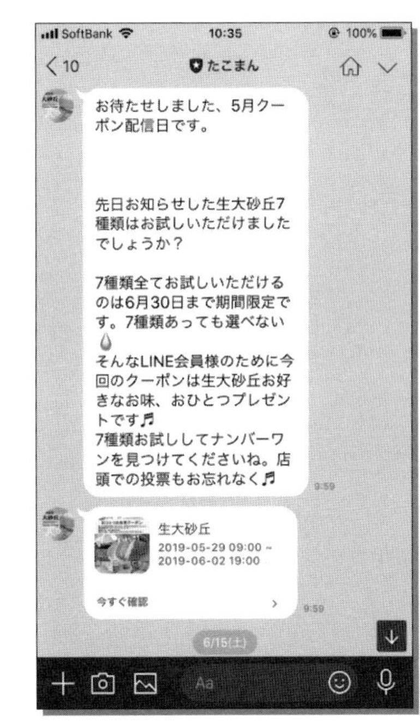

「たこ満」様のLINE公式アカウント画面

49 友達の友達へのクチコミを生む「Facebookページ」

Facebookの中でお店や会社のことを投稿できる「Facebookページ」も、新規集客に貢献するものです。Facebookページは無料で利用できます。Facebookは基本的に「実際の知り合い、友達、関係者」などとつながって交流するものですので、**「友達の友達」へのクチコミ効果が期待できるSNS**です。

★ 30代～50代の客層にアプローチできる

調査によれば国内アクティブユーザー数は、すでにInstagramに抜かれてしまったようです。ただし、Facebookは**30代～50代のユーザーが多い**ので、そのような客層をターゲットにしたご商売では、まだまだ使えるSNSといえるでしょう。

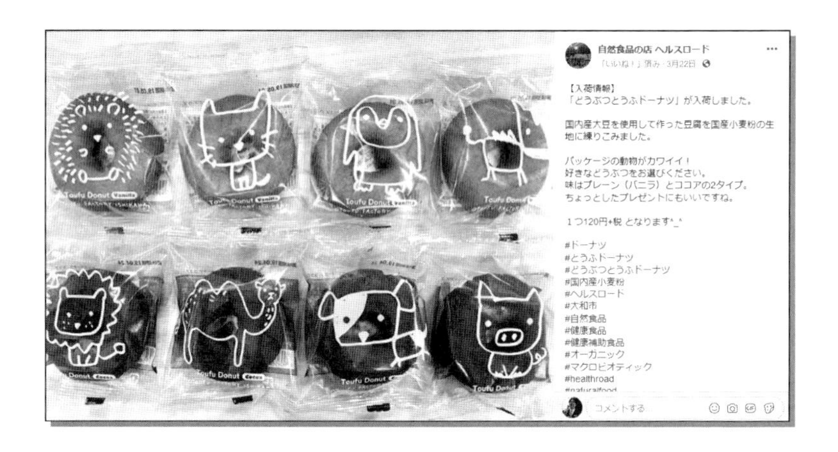

神奈川県大和市の自然食品のお店「ヘルスロード」様は、健康に気をつけている働き盛り世代のユーザーに向けて積極的に情報発信をしています。品揃えが確かですし、筆者も「健康に気を使っている社長様への贈答」などでよく利用しています。Facebookページでコツコツと明るく発信する店長様の投稿がいつも楽しみです。

写真がお客様を連れてくる「Pinterest」

Pinterest（ピンタレスト）は、国内ユーザー数は多くありませんが、独特な仕様から、これからの活用について大いに可能性を感じさせるSNSです。利用は無料です。Pinterestは**自分が好む写真をクリップボードに貼り付けて（ピンして）、眺めて楽しむサービス**です。他のユーザーと交流することはほとんどなく、その意味で「SNS」というカテゴリに入れるのはやや合わないようにも思いますが、ともあれ、海外では人気のSNSになっています。

★ 写真をきっかけに、自社ホームページに誘導できる

Pinterestでは自分が好む写真を収集し眺めることができるわけですが、使いかたはそれだけではありません。収集した（あるいは閲覧した）写真に基づき、Pinterestから「このような写真が好みではないでしょうか」のように、**自動的にどんどんと写真を提案してくれる**のです。Pinterestを開くと、その「Pinterestから提案されたたくさんの写真」が溢れるほど表示されます。

その写真には説明文をつけることもでき、また他のWeb媒体へのリンクを張ることもできます。これは主にその写真をPinterestにアップしたユーザーがつけます。換言すれば、**「写真をきっかけにして、自社ホームページなどに誘導することができる」**ことを意味しています。例えばPinterestで「ソファ」の写真をよく見るユーザーには、自動的に「ソファ」もしくは「ソファを含むインテリア」の写真がどんどん表示されます。そこで何かの写真にピンときたユーザーは、その写真をクリックし、場合により、もともとその写真が掲載されていたホームページなどにアクセスができるのです。

次ページの写真は、筆者が旅行先で撮影して自分のブログに掲載した箱根の旅館です。併せて、そのブログから画像をPinterestにピンしたものです。執筆時点で、過去30日で3180回（Pinterestの中で）閲覧され、そのうち7回、リンクをクリックした（つまりブログにアクセスした）という統計になっています。地味な数字ですが、**投稿して放っておくだけで、極端にいえば「半永久**

的に」アクセスを得るチャンスがあるわけです。

このPinterestでの「写真の提案」は、その写真が最近投稿されたかどうかは、ほとんど関係しません。逆にいえば、いつ見ても価値がある写真は、その投稿が古いか新しいかに関わらず、ずっとアクセスを得ることができます。

また、執筆時点ではPinterestにアップした写真はGoogle画像検索でもヒットしますので、Google（画像）検索→Pinterest→貴社ホームページのようなアクセスも期待できます。

- ▶レシピ
- ▶観光
- ▶ファッション
- ▶インテリア
- ▶花
- ▶宝飾品
- ▶家事などライフハック情報（掃除のコツなど）

このような、いつでも参考にしたくなる、時代を問わない写真をアップできる事業者様は、Pinterestの利用を検討してみてはいかがでしょうか。

検索流入を増やし、店舗への信頼を生む「ブログ」

★ ブログの経営効果とは？

ブログは「SNS」ではありませんが、Googleビジネスプロフィール以外のWeb媒体という意味でご紹介します。端的に申し上げて、ブログの経営効果は2つあります。

▶（1）検索に強い

ブログは、そのカタチ（プログラム構造や仕様）から、もともと**検索エンジンと相性が良い媒体**です。検索エンジン対策（SEO）を考えたときに、ブログというツールを外しては考えられません。「地域で」「検索される」ご商売、例えば各種の士業や整体院、サービス業のかたにはうってつけのツールです。

▶（2）経営者やスタッフの人柄、考えかた、仕事ぶりなどが出やすい

ブログは「読み物」（コラムや日記のようなもの）ですので、書き手の人柄、考えかた、仕事ぶりなどが露（あら）わになります。そのため、「あ、この店長さんはきっと真面目なんだな。信頼できそうだな」「●●についてすごく詳しいんだな」などがわかり、「その価値がわかるお客様」の来店に大きく貢献するのです。

とある街の不動産会社様をコンサルティングさせていただいたとき、メインテーマは「ブログの改善」になりました。ブログのキーワードを見直し、また人柄とエピソードがわかる内容に改善していったところ、従来よりアクセス数は8倍になり、「さばけないほどの」（経営者様談）引き合い、受注につながったこともあります。

★コツコツ続けることが大きな成果につながる

ブログはWeb集客にとって非常に重要で、しっかりやれば大きく成果も出るツールですが、毎日ではなくとも継続してコツコツやっていくことが性に合わない企業様には向いていないツールです。逆にいえば、その「真面目にコツコツやる」ことが試されているツールであるともいえます。

「革のクリニック」様のブログは、修理内容やエピソードが週2回の割合で更新されています。ブログを拝見すると、革製品への愛情が感じられ、また高い技術力も伝わってきます。筆者も個人的に革靴の修理を何度となくお願いしています。また、検索エンジン経由で「ブログを見た」という遠方のお客様からの修理依頼も増えたとのことで、「ブログを始めて本当に良かった！」とおっしゃっています。

COLUMN 6

他マップの同様サービスも活用する

本書はGoogleマップに対応する「Googleビジネスプロフィール」についてお伝えしています。店舗集客には、利用者がとても多いGoogleマップのGoogleビジネスプロフィールをまずはおすすめしたいですが、「ある程度、Googleビジネスプロフィールの整備や活用は見通しが立った」とお考えの場合は、他マップの類似サービスも利用してみてはいかがでしょうか。

Yahoo!プレイス

Yahoo! JAPANが運営しています。Googleビジネスプロフィールと非常に似ているため、Googleビジネスプロフィールの運用に慣れているかたは簡単に取り組むことができると思います。

Bing Places for Business

Microsoftの検索エンジン「Bing」（ビング）でのローカル情報を整備できる無料サービスです。Windowsパソコンを買ったかたが初期設定のままMicrosoft Edge（エッジ）というブラウザを使うと、意識せず「Bing」で検索することになると思います。そこで表示される自社ローカル情報を無料で管理できます。

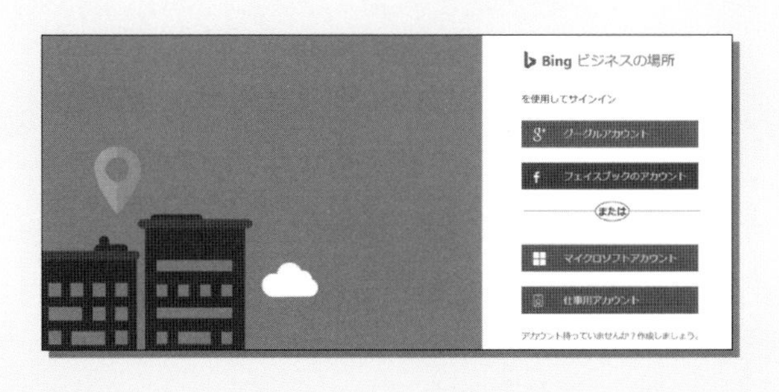

Apple Business Connect

iPhoneやiPadなどに初めから入っている地図アプリ「Appleマップ」に載る店舗情報を無料で登録できます。いわゆるオーナー確認は電話で行うことができますが、早口な英語の自動音声ですので注意して聞き取ってください。

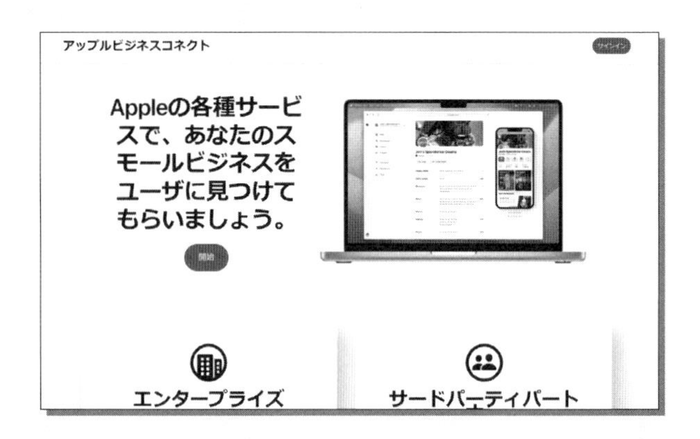

LINE PLACE

LINEの「お店情報検索サービス」であるLINE PLACEに店舗情報を無料で登録できます。ただし店舗側の立場で登録するのではなく、いちユーザーとしての追加登録申請になります。またGoogleビジネスプロフィールと違い、オーナーとして店舗情報を「管理」することはできません。LINEユーザーという立場で写真や情報を投稿、修正できます。

第7章

集客効果の分析と管理のテクニック

52 「パフォーマンス」の分析① インタラクション

ここでは、Googleビジネスプロフィールの「アクセス解析」機能である「パフォーマンス」について考えます。パソコンでは直接管理画面の「パフォーマンス」をクリックしてください。スマホの場合は直接管理画面の「宣伝」、続いて「パフォーマンス」をタップします。

★ 情報発信が正しいか、のバロメーター

パッと見てすぐ表示される「ビジネスプロフィールで実施されたインタラクション」から解説します。

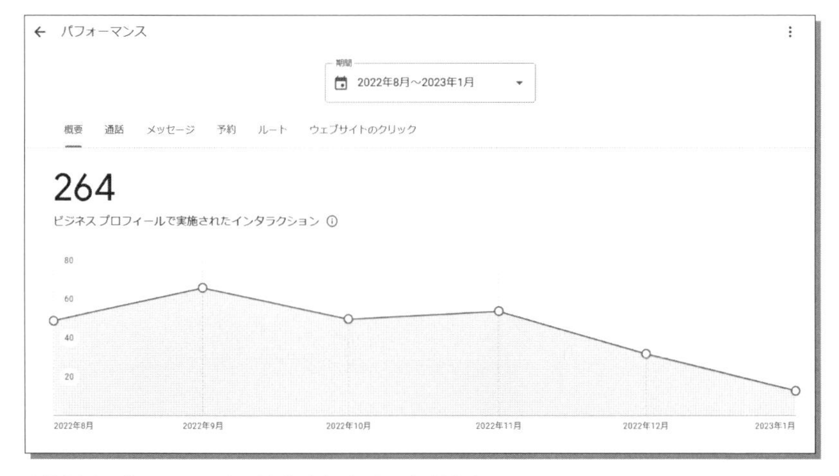

ビジネスプロフィールで実施されたインタラクション

この情報からは、**貴店のビジネスプロフィールを見たユーザーが「そこから、どのような行動をしたか？」がわかります**。なおパッと見ではおよそ過去5か月間のデータが示されると思いますが、1か月間などの期間に変更してチェックすることもできます。

各指標について、ヘルプでは次のように説明されています。

- **通話：**ビジネスプロフィールに表示された通話ボタンのクリック数。
- **メッセージ：**メッセージで交わされた固有の会話数。
- **予約数：**顧客が完了した予約の数。
- **マップでのルート検索：**お客様のビジネスまでのルートを検索したユニークユーザーの数。
- **ウェブサイトのクリック：**ビジネスプロフィールに表示された、ウェブサイトへのリンクのクリック数。

（引用：https://support.google.com/business/answer/9918094）

この他、飲食店様は「メニュー」という「メニューのコンテンツを閲覧したユーザーの数」のデータも分かります。

とある「教室」業様では、地域内にポスティングをしてから約1週間、「マップでのルート検索」と「ウェブサイトのクリック」が伸びました。また別の「パン」店様は朝のローカル番組で10分間ほど取り上げられたあと、「マップでのルート検索」と「ウェブサイトのクリック」が非常に大きく（平常時の100倍ほど）伸びました。

「予約数」は、P.93でご紹介した「予約サービスプロバイダ」と契約していないと数値が拾えません。また「通話」「メッセージ」も、意識的にそれをPRしなければ数値が大きく伸びることはないと思われます。

一方で、貴店そのものへの関心が高まったり、ビジネスプロフィールにて「もっとこのお店のことを知りたい」「利用を前向きに検討したい」と思えた場合は「マップでのルート検索」と「ウェブサイトのクリック」が伸びるものと推測されます。

「インタラクション」で確認したいのはこの「マップでのルート検索」「ウェブサイトのクリック」の指標です。ただし、これらの指標は貴店の通常のPR、告知活動やビジネスプロフィールでの「写真」「投稿」「クチコミ返信」などが魅力的であれば、その結果として伸びてくるものです。ですので、これらを伸ばすために何かを取り組む、というより、**日々のPRや情報発信が魅力的であるか、お客様目線であるかのバロメーターとして考える**とよいでしょう。

53 「パフォーマンス」の分析②商品の実績

★ 人気のある商品がわかる

「ビジネスプロフィールで実施されたインタラクション」から画面を下がっていくと、「お客様の商品の実績」というコーナーが見えてきます。

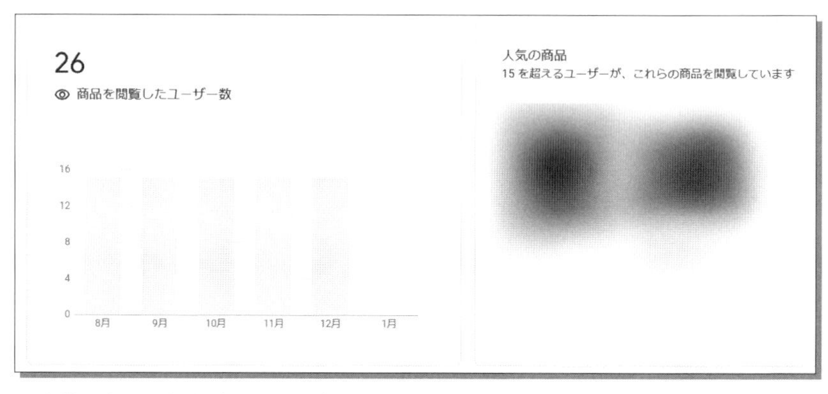

お客様の商品の実績（この項目が出ない場合もあります）

ここで注目したいのは「商品を閲覧したユーザー数」の数値と、右側の「人気の商品」です（「人気の商品」欄が出ない場合もあります）。どの商品がユーザーの興味を引いているかを知ることはマーケティング上で大切ですね。

なお、「商品を閲覧したユーザー数」の下の棒グラフは15以下でも15を示すなど不正確なものですので、気にせず無視して大丈夫です。また「商品を閲覧したユーザー数」という指標になっていますが、ヘルプページの案内通り、正しくは「商品の閲覧数」です。

54 「パフォーマンス」の分析③ ユーザー数&検索語句

★「検索語句」からニーズを読み解く

「お客様の商品の実績」から画面を下がっていくと、「ユーザーがビジネスを見つけた経路」というコーナーが見えてきます。

ユーザーがビジネスを見つけた経路

ヘルプページから引用すると、以下のようになります。

- **プロフィールを閲覧したユーザー：**プロフィールにアクセスしたユニークユーザーの数。複数のデバイスやプラットフォーム（パソコンまたはモバイル、Googleマップまたは Google検索など）でビジネスプロフィールにアクセスした場合、カウントされる回数には上限があります。デバイスごとおよびプラットフォームごとの集計では、ユーザーは1日1回のみカウントされます。同じ日の複数の訪問はカウントされません。

- **検索：**ビジネスの検索に使用された検索語句です。［検索］指標は毎月月初に更新されます。更新が反映されるまで5日ほどかかることがあります。

（引用：https://support.google.com/business/answer/9918094）

特に着目したいのは右側の「ビジネスプロフィールの表示につながった検索」の「検索語句」です。3つの着眼点でチェックしましょう。

（1）固有名詞で検索されているか

店名や商品名など固有名詞で検索されるものは、「貴店や商品のこと自体が知られているかどうか」という「認知度」を示すバロメーターになります。もしこれらの検索数が少ないようならば、貴店および貴店オリジナル商品などの「認知度がまだまだ低い」ことを意味しているかもしれません。この場合は、

- チラシなどの紙媒体や看板で宣伝する
- 異業種交流会や展示会で交流する
- ニュースリリースなど「広報」に力を入れる
- ホームページやSNS、Web広告など複合的にWeb発信を行う

などで認知度アップを目指しましょう。

（2）意図したキーワードで検索されているか

「●●市　▲▲（業種名）」、「▲▲（業種名）」など、貴店が意図している「このようなキーワードで検索されたい」と願うキーワードで検索が多いかどうかをチェックしてください。もしそれらのキーワードでの検索が少なそうであれば「情報発信が十分でない」ことを意味している可能性があります。

（3）意図していないキーワードがあるか

貴店が「意図していない」キーワードで検索されている場合、そこには隠れたニーズがあるかもしれません。例えば、とある印刷会社様では「タペストリー」というキーワードで検索されました。これは個人宅の趣味用のタペストリーというより、店舗で使う「のれん」「店頭幕」のことかと推測されますが、

そういった印刷ニーズがあるかもしれないことも読み取れるわけですね。

検索キーワードは「ニーズの宝庫」ですから、ぜひチェックしてみてください。なお、検索語句はヘルプページの案内の通り「月1回の更新」になります。毎日見ても変化はありませんのでご了承ください。

数値が下がった=頑張っていない、ではない

この「パフォーマンス」は数値で表されるので、そのままWeb担当者様の「目標数値」に使われてしまう可能性があります。しかしそれは現実的ではありません。

先月よりもWeb発信を2倍にしたからといって数値が2倍になるわけではありません。また逆に数値が下がったことは「Web担当者の怠慢」を意味するものでもありません。競合店の状況や世の中の変化、季節変動で数値は変わっていきます。

数値が上がった、下がったということ自体に一喜一憂するのではなく、あくまで結果論として「参考データ」と考えて、「じゃあ、これからどうしていこうか？」「どのような戦略でいこうか？」「●●の内容の投稿を増やそうか？」と前向きに検討いただくことをおすすめします。

55 複数人でGoogleビジネスプロフィールを管理する

経営者や店長だけでなく、現場スタッフも含めてGoogleビジネスプロフィールの情報を管理したい場合もあるでしょう。あるいは経営コンサルタントやWeb制作会社、広告代理店など、第三者の力も借りて管理するケースもあります。そのような場合のために、Googleビジネスプロフィールでは**情報を管理する「ユーザー」を増やせる**ようになっています。各ユーザーには**権限**を設定することができ、それぞれ行えることが異なります。権限の種類はオーナー、管理者の2種類です。

- **オーナー：すべての機能を使うことができる**
- **管理者：管理するユーザーの追加／削除、ビジネスプロフィールの削除という重要な機能を除いては、オーナーと同じ機能を使うことができる**

より詳しくは以下のヘルプページを参照してください。なお広告代理店など**外部の第三者に管理してもらう場合、付与する権限は「オーナー」ではなく必ず「管理者」にしてください。**

権限	オーナー	管理者
ユーザーを追加、削除	✓	
ビジネス プロフィールを削除	✓	
すべての URL を編集	✓	✓
Google による変更すべてを承認	✓	✓
予約機能をオプトインまたはオプトアウト	✓	✓
特定のビジネス情報設定を更新 ・ビジネスの名前、カテゴリ、ウェブサイトを編集 ・ビジネスに閉業マークを付ける ・ビジネス グループを作成	✓	✓
ビジネス プロフィールを Google 検索と Google マップで直接管理	✓	✓
Google 広告アカウントのリンクを管理	✓	✓
メッセージ機能を使用	✓	✓
カスタムラベルを追加して特定のビジネスグループを簡単に検索	✓	✓
属性を編集	✓	✓
料理宅配リンクを編集	✓	✓

「ビジネスプロフィールの役割について」(https://support.google.com/business/answer/3415281)

★ 管理するユーザーを追加する方法

手順① 直接管理画面の「Google に掲載中のあなたのビジネス」の右側「⋮」をタップし、「ビジネスプロフィールの設定」をタップします。

手順② 「管理者」をタップして「追加」をタップします。

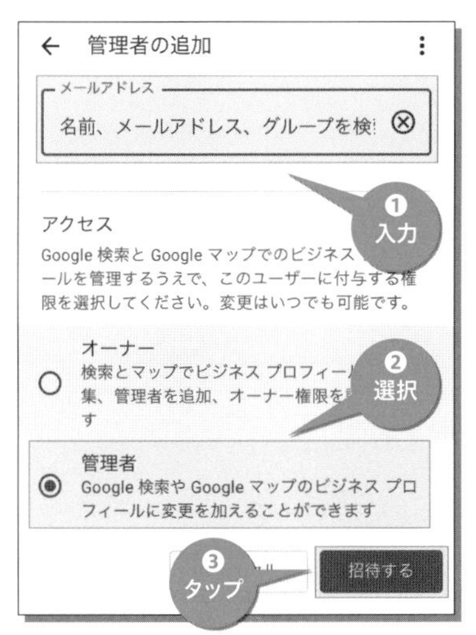

手順③ ユーザー権限を付与したいスタッフのメールアドレスを入力し、「アクセス」から適宜役割を選択して「招待する」をタップします。

手順④ そのスタッフに「ユーザーとして招待されている」旨のメールが届くので、メールを承諾するとユーザーに加わることができます。万が一「招待メールが届かない」というときは、「ブランドアカウント」というページ（https://myaccount.google.com/brandaccounts）から「保留中の招待」というコーナーをご確認ください。

★ 複数人で管理することのメリット

中小企業・店舗様のWeb運営の現場では、「一人でWeb運営を頑張る」というケースが多いように感じます。現場スタッフは皆忙しい、とか、Webに詳しいのは自分だけだから…とか、いろいろなご事情があると思います。しかしながら、筆者はできるだけ**「複数のスタッフがWeb運営に関わること」**をご提案するようにしています。理由は以下の4点です。

▶(1) ひとりだと「やらなくなる」「滞る」「Web以外の仕事が忙しくなってしまった」など、運営停滞のリスクがあるから

意外なことですが、Webも「なまもの」で、イキがあるかないかが雰囲気で伝わってしまうものです。Web発信が停滞した印象だと、ひいては、その事業所そのものが停滞した印象になってしまうものです。その意味でも、輪番制にするなど、できるだけ複数のスタッフが関与することで、**Webにフレッシュさを保つ**ことができるのです。

▶(2) 複数で運営したほうが、投稿のネタなどに「ふくらみ」が出るから

Web運営を一人で抱え込むと、どうしても「視点」が偏りがちになります。複数のスタッフで発信することによってさまざまな視点が入り、**より多くのお客様に訴求できる**可能性が高くなります。

▶(3) スタッフ同士のコミュニケーションのきっかけになるから

仕事場ではおとなしいスタッフがWeb発信では饒舌になったり、また日ごろ話さないような趣味の話などを発信したりすることがあります。このようなことでスタッフ同士（もしくは役員とスタッフ）のコミュニケーションが円滑になった事例は数多くあります。

▶(4) Webを運営することは「経営」を考えることそのものだから

大げさな話かもしれませんが、筆者は「Webを考えることは経営を考えることと同義である」といつもお話ししています。経営者様においても、現場スタッフが、ゆくゆくは管理職、つまり経営を推進する立場に立ってほしいと願っているに違いありません。「どのような投稿がお客様に喜ばれるのか？」「どのようなキーワードがアクセス増加をもたらすのか？」「このサービスにもっ

とも価値を見出すお客様は誰か？」など、Web発信を考えることは、商売そのものを考える、とてもよい訓練になります。

ともあれ、貴店のGoogleビジネスプロフィールも管理する人を複数置くことで、リスクを回避しながら、社内活性化、スタッフ教育などを念頭に、うまく活用していただきたいと願っています。

★ “誤爆”に注意する

数年前に実際にあった話です。とある街の「ブライダルパーティーもできるレストラン」についてGoogleマップで調べていたときのことです。「写真」をくまなく見ていたところ、素敵な外観や食事の写真、花やウェルカムボードの写真の中に、いきなり「手帳」の写真が混在していました。そこには「●●様に予約確認の電話！」「見学の●●様に追っかけの電話する！」などが書かれており、名字だけですがお客様と思しき名前も書かれていました。

どうやら、何かの手違いでスタッフの手帳が写され、それがGoogleビジネスプロフィールの「写真」に掲載されていたようです。当該店舗に連絡しようと思った矢先に、写真は削除されていました。写真の内容や、写真が首尾よく削除されたことから考えても、Googleビジネスプロフィールの管理者側からの**「手違い写真投稿」**だったと推測されます。

このように、「手違いでうっかり、意図しない内容をネットに掲載してしまう」ことを「誤爆」といったりします。複数人でGoogleビジネスプロフィールを管理する場合も、やはり、相互確認といいますか、**お互いのチェックは必要**であろうと思います。

管理を任せることと、「丸投げする」ことは違います。Googleビジネスプロフィールに限らず、ネットの管理を誰かに「丸投げ」して良いことは一つもありません。誤爆は、大げさにいえばコンプライアンス違反のリスクにもつながります。「お互いのチェック」ということも念頭において、複数人でのGoogleビジネスプロフィール管理をご検討ください。

56 臨時休業／閉業の処理を行う

★ 臨時休業のマークをつける

7日間以上休業する場合、または無期限に休業する場合には「臨時休業」の処理を行います。するとマップ上のビジネスプロフィールに「臨時休業」というマークがつくので、お客様が間違って来店するのを防ぐ効果があります。

直接管理画面の「プロフィールを編集」ボタンをタップし、次に「営業時間」をタップします。「臨時休業」をオンにして保存します。

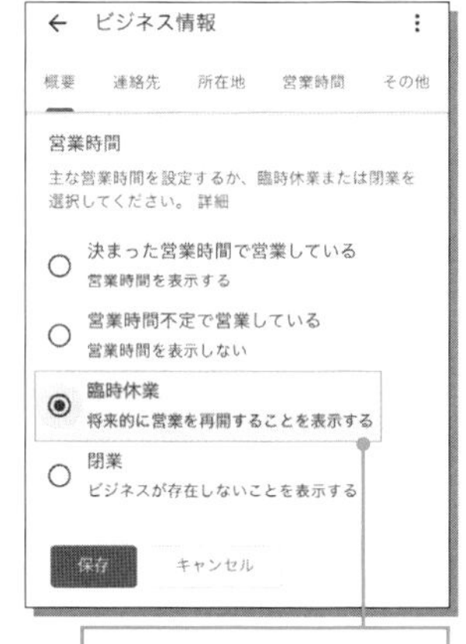

★ 閉業することになったら

何らかの理由でその地でのご商売を終了（事業終了、閉店）する場合もあることでしょう。商圏が異なる遠方に移転する際も、旧店舗は「閉業」の処理を行います。マップ上のビジネスプロフィールに閉業マークがつくと検索結果に出にくくなり、おおよそ数週間から半年後にマップからビジネス情報が消えると思います。

操作は、直接管理画面の「プロフィールを編集」→「営業時間」から、「閉業」をオンにして保存すれば完了です。

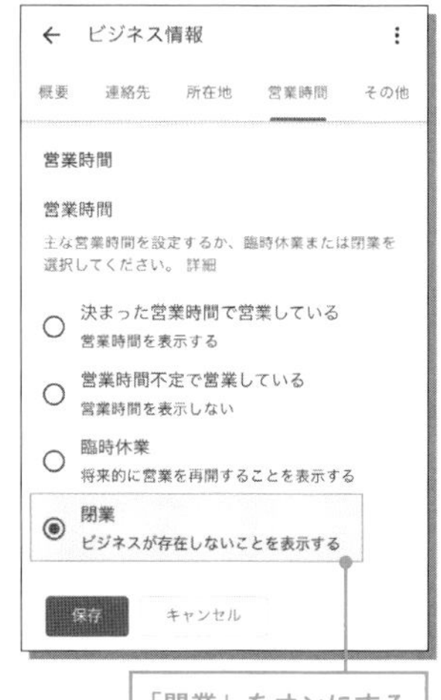

この画面で「決まった営業時間で営業している」などを選ぶことで「営業中」に再設定することもできますが、重要な設定ですので、以下のヘルプページも確認のうえ、慎重に操作をお願いします。

▶ビジネス プロフィールを閉鎖または削除する
https://support.google.com/business/answer/4669092

▶営業時間を設定する方法、または閉業マークを付ける方法
https://support.google.com/business/answer/10417060

管理をやめたい場合

何らかの理由で、そのビジネスプロフィールの管理をやめたいときがくるかもしれません。その場合、「放置」してもよいのですが、Googleからのメール（お知らせ）が届き続けることになりますので、「管理を停止」する処理をするとよいでしょう。管理を停止しても、店舗情報そのものは引き続きGoogleマップ上に表示されますので覚えておきましょう。

スマホの場合は直接管理画面の「Googleに掲載中のあなたのビジネス」の右側「⋮」をタップし、「ビジネスプロフィールの設定」→「ビジネスプロフィールを削除」→「このプロフィールの管理を停止」の順にタップします。以降は画面の指示に従います。

「プロファイルの強度」とは？

パソコンで直接管理画面を見たときに、「Googleに掲載中のあなたのビジネス」という記載の右側に「プロファイルの強度」というものが示される場合があります。

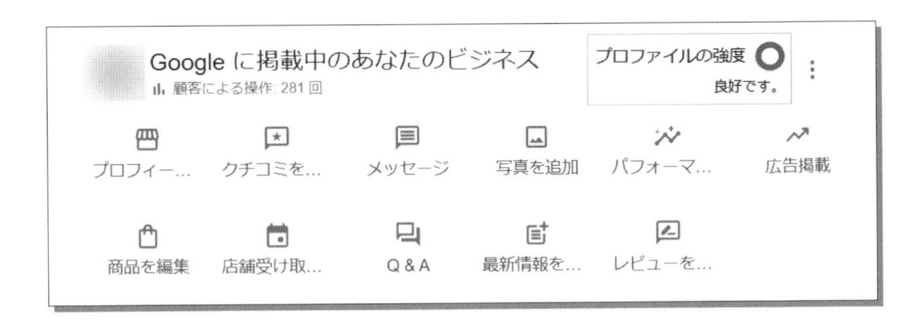

緑色が「良好」で、他に黄色や赤の輪が示されます。サポートに確認したところ、この「プロファイルの強度」は執筆時点では「一部のユーザーにテスト的に表示されるもの」のようで、どの編集項目を満たせば「良好」になるのかはヘルプページにも明示されていません。

基本的には本書内容に沿って、「貴社の情報を正確に、できる限りふんだんに掲載する」「写真の追加や投稿機能での情報発信を心がける」「クチコミが入ったら返信する」ということに集中していただければ、この「プロファイルの強度」というアバウトな表示に惑わされる必要はありません。

第8章

ここが知りたい！Q&A

Q1　投稿や写真で気をつけるべきこととは？
Q2　投稿のネタが思いつかない！
Q3　どんな検索キーワードを選べばよい？
Q4　店内をぐるっと見渡す写真はどう用意する？
Q5　公開が「停止」されてしまったら？
Q6　Google ビジネスプロフィールの運用中に困ったら？
Q7　Web 活用について相談する機関はある？
Q8　Google ビジネスプロフィールを活用できている状態とは？

Q1 投稿や写真で気をつけるべきこととは？

セミナー後の質疑応答の時間で、「ホームページ作りで気をつけなければならないことはありますか？」というご質問をいただくことがあります。「気をつける」という言葉が色々な内容を含みますので、意外にお答えが難しいご質問ですが、概ね**「文章表現などについて気をつけること」**というご質問であることが多いようです。

法令や規則の意味において気をつけることは、以下のポイントでしょう。

▶産業財産権（工業所有権）

部品、製品などの写真をメーカー（製造元）に無断で使用しない。また掲載には明確なOKをもらうこと。特許など、工業製品は秘匿管理が厳しいです。

▶著作権

他人の著作物を掲載しない。新聞雑誌、テレビ画面のキャプチャ掲載も違法です。

▶肖像権（迷惑防止条例違反の可能性）

許可なく他人の顔写真を掲載しない。お祭りなど群衆の写真でも、個人が特定できそうな場合はモザイク処理がベターです。なお実務上、お客様の顔写真をSNSなどに掲載したいことは多いと思います。この際は口頭でよいので「SNSに掲載してもよいですか？」と了承を得ましょう。特にお子さんの写真について、ネット上に掲載されるのを嫌う親御さんは多いです。

▶薬機法

「特産フルーツでお肌がプルプルに」など、効能効果表示は避けましょう。

また、法令や規則に違反していなくても、**「他社の批判」「政治や宗教上の思想」**などについてGoogleビジネスプロフィールで投稿することは、店舗集客という観点からは一考を要するものになります。

Q2 投稿のネタが思いつかない!

投稿のネタがなかなか思いつかないときは、「パターン」に当てはめて考えることをおすすめします。一つのヒントとして、以下のようなパターンはいかがでしょうか。ネタ探しリストとしてご活用ください。

定番ネタ系

- ▶新商品、新メニュー、入荷情報を告知する
- ▶ブログを書き、それを告知する（ブログに誘導する）

ハウツーネタ系

- ▶「〜とは？」など、用語を説明する
- ▶「〜の仕方（方法、手順）」を解説する
- ▶「〜の選びかた」を解説する
- ▶「〜するときのコツ」を解説する
- ▶「ビフォアアフター」を説明する

汎用ネタ系

- ▶お店の「利用例（エピソード）」を説明する
- ▶地域のこと（お祭、開花情報など）を書く

また、以下のような発想で「投稿ネタを膨らませていく」という考えかたもあります。

- ▶季節で分ける…「春先の●●」「梅雨明け時に行いたい●●」
- ▶年齢で分ける…「シニアのかた向けの●●」「卒園式に向けた●●」
- ▶時期で分ける…「初めて●●するかたの▲▲」「何度も××してしまうかた向けのコツ」

どんな検索キーワードを選べばよい?

ネットの向こうのお客様と出会うチャンスを増やすために、Web発信では「よく検索されるキーワード」を使いたいものです。それでは、お客様はどのようなキーワードで検索して、貴店のリスティングにやってくるのでしょうか？もちろん第一義的には「パフォーマンス」の「ビジネスプロフィールの表示につながった検索」にて確認するのがよいでしょう（P.169参照）。しかし、じつは一番おすすめなのは新規来店されたお客様に聞くことです。「どんなキーワードで検索されたのですか？」と尋ねると、「お客様が使う言葉」が生々しくヒアリングできるので、新規接客時のマニュアルに「ネット経由の新規来店の場合は検索キーワードを尋ねる」というのを含めてほしいと思います。

一方、「ツール」として有用なものには以下のものがあります。

Googleトレンド

Googleトレンド（https://trends.google.co.jp/trends）は、Google検索においてどんなキーワードで検索されているのかを知ることができる、Google公式の無料サービスです。検索の絶対数というよりも、相対的な「流行度合い（トレンド）」を折れ線グラフで見ることができます。例えば貴店が紳士服店、あるいはテーラーだとします。すると、「注文服」で検索する人はどれくらいいるのか気になりませんか？

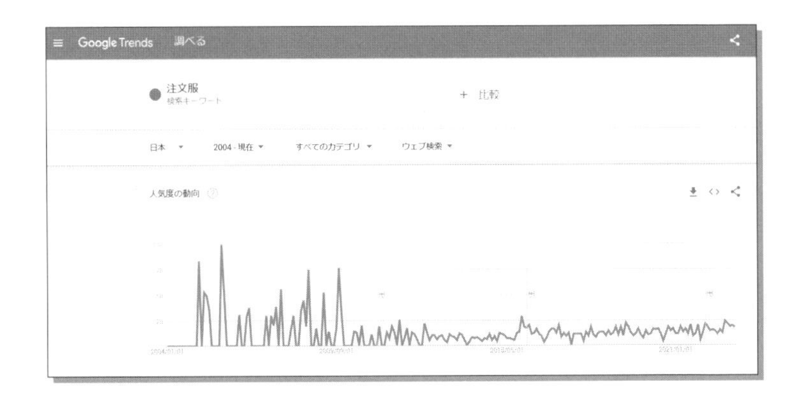

左ページの図は「注文服」で検索された度合いを、2004年から現在まで折れ線グラフで示したものです。このGoogleトレンドは、**キーワードの「比較」**ができることがポイントです。試しに「＋比較」というところに「オーダースーツ」と入力して調べてみましょう。

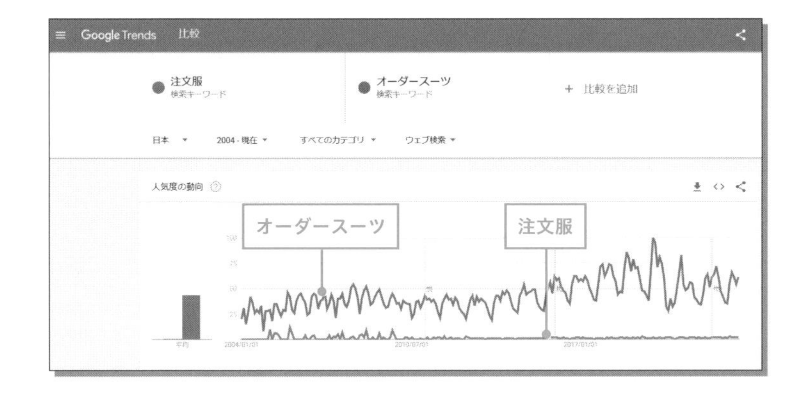

繰り返しですが、指標は「相対的」なものになります。グラフを確認すると、「注文服」よりも「オーダースーツ」のほうが非常に多く検索されており、かつ、その検索度合いは上昇傾向にあるのがわかります。では、貴店が紳士服店、あるいはテーラーだとすれば、「注文服」と「オーダースーツ」のどちらのキーワードを使ってWeb発信すべきと考えるでしょうか？基本的には、「オーダースーツ」で勝負したほうが良さそうですね。

ラッコキーワード

ラッコキーワード（https://related-keywords.com/）は、Google検索などで「よく使われる検索キーワードや、その組み合わせ」がわかるシンプルで優れた無料ツールです。

ラッコキーワードの特に「Googleサジェスト」というコーナーを使えば、Google検索でどんなキーワードが使われているかがわかります。「ああ、これは予想通りだね」というキーワードもあれば、思いもよらないキーワードを発見することもあって非常に役立ちます。

店内をぐるっと見渡す写真はどう用意する?

他店のGoogleビジネスプロフィールを見ていると、「店内をぐるっと見渡す写真」が掲載されていることがあると思います。

このような「店内をぐるっと見渡す写真」は「360°写真」といわれています。360°写真は、ご自身で360°カメラ／アプリを用いて撮影することもできますが、一般的には「ストリートビュー認定フォトグラファー」に有償で依頼し、撮影・アップロードをしてもらうことが多いと思います。Googleでは「近隣の認定フォトグラファー」を検索できるページを設置していますので、ご興味があるかたは以下のページから検索してみてください。

ストリートビュー認定フォトグラファーとは:

- ストリートビュー認定バッジの取得者です
- 公開した 360°写真の 50 枚が承認を受けている、ワンランク上の投稿者です
- 委託可能な認定フォトグラファーのリストに掲載されています
- 認定フォトグラファーのブランド アセットを宣伝目的で使う権利を有しています

近隣地域の認定フォトグラファーを見つける

まずは近隣の認定フォトグラファーを検索しましょう。

Japan 地方 都道府県 すべてのフィルタをクリア

「ストリートビュー認定フォトグラファーとは」
(https://www.google.co.jp/intl/ja/streetview/business/trusted/)

繰り返しになりますが、「ストリートビュー認定フォトグラファー」は「店内の」360°写真を有償で撮ってくれる会社ですので、店舗外の、公道のストリートビュー写真には関与していませんのでご注意ください。

Q5 公開が「停止」されてしまったら？

Googleビジネスプロフィールの「ガイドライン」に反する掲載をした場合に「停止」という措置が取られることがあります。「停止」になるとGoogleマップを見ても貴店が載っていない状態になります。またそれを「回復」するには2週間から1か月弱ほどかかります。新規集客の大きなダメージになってしまいますので、くれぐれもガイドラインに沿った運用をお願いいたします。

なお、万が一「停止」になった際は以下のヘルプページを参考に「回復」リクエストを送ってください。

▶【参考】Google に掲載するローカルビジネス情報のガイドライン
https://support.google.com/business/answer/3038177

▶【参考】停止中のビジネスプロフィールを修正する（以下の図）
https://support.google.com/business/answer/4569145

停止中のビジネス プロフィールを修正する

Google では、ガイドラインに違反するビジネス プロフィールおよびユーザー アカウントを停止させていただく場合があります。停止中のプロフィールを修正するには、回復フォームを送信する必要があります。

停止中のプロフィールを修正する

重要: 遅延を避けるため、回復リクエストはアカウントごとに 1 件のみお送りください。

1. ビジネス プロフィールのガイドラインを確認します。
2. ビジネス プロフィールにログインします。
3. プロフィールがガイドラインに準拠していることを確認します。Google でビジネス プロフィールを編集する
4. 回復をリクエストします。こちらのフォームをご利用ください。

拒否されたリクエストに対して再審査を請求する

回復リクエストが拒否された場合、Google がお客様の利用資格を証明できる可能性があります。再審査請求が却下されたことをお知らせするメールに、次を含めて返信してください。

- 店舗を正面から写した写真
- 事業運営の概要

Q6 Googleビジネスプロフィールの運用中に困ったら?

中小企業や店舗のWeb運営は、おひとりで行っているというケースが多いと思います。その場合、Googleビジネスプロフィールを運用する中で困ったことがあったらどこを見ればよいでしょうか?まずご確認いただきたいのはヘルプページです。ヘルプでは、各メニューの考えかたや操作について説明がされています。

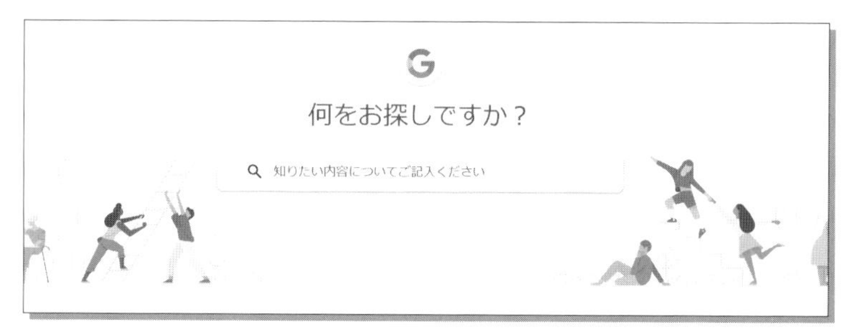

ヘルプページ(https://support.google.com/business/)

ヘルプページを見ても解決できないという場合は、Googleビジネスプロフィールのヘルプコミュニティを見ると同様の悩みについてのアドバイスが見つかるかもしれません。このページはユーザー同士の「相互お助け掲示板」です。過去の質問の中から解決のヒントが見つかるかもしれませんし、過去に質問がないようであれば新規に質問をすることもできます。プロフェッショナルな回答者から一般ユーザーまで、貴店の質問に答えてくれるかもしれません。

ヘルプコミュニティのページ
(https://support.google.com/business/community)

Web活用について相談する機関はある?

そもそもの話になりますが、「Webを活用して販売促進・販路拡大をしたい」というときに、その「アドバイス」はどこで受けられるのでしょうか。まずおすすめしたいのは、事業所所在地に必ずある**「商工会議所」**もしくは**「商工会」**という経営支援機関に相談することです。

商工会議所/商工会は、中小企業の経営改善について多くの指導経験があります。直接的な課題解決のアドバイスだけでなく、「活用できる補助金がある」「その専門家がいて斡旋できる」など、幅広い提案をしてくれます。また、**地域のビジネス情報に詳しい**ので、特に地域密着型のご商売である「お店」は、商工会議所/商工会にまずは相談をしてみることを強くおすすめします。

原則的に、商工会議所/商工会はその「会員」に対して相談対応をします。継続的な事業発展のためにも「入会」することを強くおすすめしますが、諸々なご事情でまだ入会できないというケースもあるでしょう。そのような場合には、国が設置した無料の経営相談所**「よろず支援拠点」**を利用することがおすすめです。よろず支援拠点は、全国の都道府県に設置されており、無料にて経営相談ができます。ネット活用なども含めてICTに強いコーディネーター様もいらっしゃいます。

このほか、都道府県や市区町村で独自に経営支援機関を設置している場合もありますし、信用金庫などの金融機関が各種専門家と連携して経営相談を行うこともあります。「誰に相談したらよいかわからない」という相談こそ、こういった公的な経営相談機関に問い合わせるのがよいでしょう。

▶【参考】日本商工会議所ホームページ
https://www.jcci.or.jp/

▶【参考】全国商工会連合会ホームページ
https://www.shokokai.or.jp/

▶【参考】よろず支援拠点全国本部ホームページ
https://yorozu.smrj.go.jp/

Googleビジネスプロフィールを活用できている状態とは？

Googleビジネスプロフィールを「うまく使えている」というのはどういう状態でしょうか？日々ネット経由での売り上げが明確になるネットショップとは違い、実店舗様ではGoogleビジネスプロフィールの運営成果をダイレクトに感じるのは難しいかもしれません。しかし例えば、

- 自社ホームページの検索順位に大きな変動がないのに、来店や電話問い合わせが増えた
- 「クチコミを見てきた」というお客様が増えた
- 投稿機能でPRした商品／サービスについての引き合いが増えた

といった動きがあったとき、それはGoogleビジネスプロフィールの成果である可能性が高いように思います。厳密には、**新規のお客様に「何を見て来店に至ったのか？」をヒアリングする仕組み**が必要です。ここではまとめとして、「Googleビジネスプロフィールでやるべきことチェックリスト」を記します。日々のWeb運営で参考にしていただければ幸いです。

● Googleビジネスプロフィールでやるべきこと

チェック	やるべきこと
□	無理のない範囲で、こまめに「投稿」していますか？
□	貴店の魅力や特徴、取扱い商品を表す「写真」を適宜追加していますか？
□	祝日や年末年始、お盆などの営業時間を「祝休日の営業時間」で設定していますか？
□	クチコミをいただいたら「返信」をしていますか？
□	お客様に、クチコミを書いていただくような案内（お願い）をしていますか？

★ 無料で、大手に対抗できる重要なツール

ある意味で、「Googleビジネスプロフィールでやるべきこと」は非常にシンプルで簡単なことです。このチェックリストを参考にGoogleビジネスプロフィールの運営を見直した個人向けサービス業様は、検索数などの数字が向上しました。

しかし当初、この事業者様にGoogleビジネスプロフィールのご提案をしたときの反応は否定的なものでした。

▶「うちの会社……地図って関係あるんでしょうか？」

確かに業態からいえば、事業所の所在地を示す意味での「地図」は無関係ともいえました。しかし、スマホでの集客を踏まえるとGoogleビジネスプロフィール活用は欠かせないと何度もご提案をし、また事業者様も根気強く情報発信をしてくださいました。今ではGoogleマップからの問い合わせも増加し、指名検索や公式ホームページのアクセス数も増え、従来の個人向けサービスを軸に外国人向け／法人向けの新サービスもリリースして、ますます活発に事業運営をなさっています。

コンサルティングやセミナーでGoogleビジネスプロフィール活用をご提案し、その後きちんと実践している事業所様にうかがってみると、

▶地図を見て来ました、というお客様が増えてきた意味がやっとわかった
▶もっと早く知っていればよかった
▶いまネット集客で一番欠かせないツールです
▶無料で、大手に対抗できる重要なツールです

と口々におっしゃいます。

読者の皆様も、ぜひ「今すぐ」Googleビジネスプロフィール活用を実践してみてください。スマホの向こうで、お客様がきっと待っています。

おわりに

本書は、2019年に出版させていただいた『Googleマイビジネス集客の王道　~Googleマップから「来店」を生み出す最強ツール』(技術評論社刊)の、いわば改訂版にあたります。

前著刊行後にあったツールの仕様変更と時代環境の変化を踏まえて、ガイドラインに沿った、また事業者様のITスキルも問わない「どんなお店でも正しく簡単に、効果的に取り組める方法」についてお話をさせていただいたつもりです。

今回も前作同様、株式会社技術評論社の石井様の献身的なアドバイスと編集、細やかなコミュニケーション、励ましによって出来上がった書籍です。石井様には心から感謝申し上げたいと思います。また日頃一緒に実践を重ねているクライアント様、そしてGoogleビジネスプロフィールヘルプコミュニティのプロダクトエキスパートの皆様にも感謝申し上げます。

なお、GoogleビジネスプロフィールはGoogle(マップ)で「検索」されたときに効果を発揮するツールです。それ以外の顧客接点であるSNSの活用、またそもそもホームページや「お客様目線の情報発信」をどう考えるかについては、ぜひ姉妹書の『Web集客の超基本　あなたに最適なツールで、効率よく売上アップを叶える常識64』(技術評論社刊)もお手に取っていただければ幸いです。

Googleビジネスプロフィールを活用され、ぜひ貴社の魅力を発信してください。それがすなわち、貴店の商売繁盛、そしてお客様の笑顔と地域の発展を生み出すものと確信しています。

2023年5月
永友一朗

索引

■著者略歴

永友一朗

ホームページコンサルタント永友事務所代表。中小企業や店舗のWeb活用に特化しWebコンサルティング、セミナー講師、執筆を行う。また炎上等SNSリスクコンプライアンスやクチコミ返信法に関し、上場企業や地方自治体にて研修講師を務めている。Google社公認Googleビジネスプロフィール プラチナプロダクトエキスパート／Googleローカルガイド（レベル9）／商工会議所・商工会等公職登録。
URL：https://8-8-8.jp/

● カバー／本文デザイン ……………………萩原睦（志岐デザイン事務所）
● DTP ………………………………………BUCH⁺
● 編集 ………………………………………石井亮輔

■問い合わせについて
本書の内容に関するご質問は、FAXか書面、弊社お問い合わせフォームにて受け付けております。電話によるご質問、および本書に記載されている内容以外の事柄に関するご質問にはお答えできかねます。あらかじめご了承ください。

〒162-0846
東京都新宿区市谷左内町21-13
株式会社技術評論社　書籍編集部
「Googleビジネスプロフィール 集客の王道　～Googleマップから「来店」を生み出す最強ツール」質問係
FAX：03-3513-6181
お問い合わせフォーム：https://book.gihyo.jp/116

※ご質問の際に記載いただいた個人情報は、ご質問の返答以外の目的には使用いたしません。
また、ご質問の返答後は速やかに破棄させていただきます。

Googleビジネスプロフィール 集客の王道
～Googleマップから「来店」を生み出す最強ツール

2023年6月15日　初版　第1刷発行

著者　永友一朗
発行者　片岡 巌
発行所　株式会社技術評論社
東京都新宿区市谷左内町21-13
電話：03-3513-6150　販売促進部
03-3513-6185　書籍編集部
印刷／製本　日経印刷株式会社

定価はカバーに表示してあります。

ISBN978-4-297-13527-0 C3055

Printed in Japan